高职高专院校机械设计制造类专业“十四五”系列教材

机械制图与CAD习题集

JIXIE ZHITU YU CAD XITIJI

主　编◎马海彦　李小曼
副主编◎张志云
参　编◎卢　静　刘芳芳　张亮亮　胡　蕾

華中科技大學出版社
http://press.hust.edu.cn
中国·武汉

内 容 简 介

本书是与《机械制图与 CAD》配套的习题集，主要内容包括：制图基本知识与技能、投影基础、立体的投影、轴测图、组合体、机件的表达方法、标准件和常用件、零件图、装配图。本书内容既结合专业需要，又力求结合生产实际，并做到文字精练，图例实用。

本书既可以作为高职高专及成人教育机械类、近机械类各专业机械制图课程的通用教材，也可以作为制图员职业技能鉴定统一考试的培训教材，同时可供相关工程技术人员参考。

图书在版编目(CIP)数据

机械制图与 CAD 习题集 / 马海彦，李小曼主编. -- 武汉 ：华中科技大学出版社，2024. 8. -- ISBN 978-7-5772-1249-4

Ⅰ. TH126-44

中国国家版本馆 CIP 数据核字第 2024G48M92 号

机械制图与 CAD 习题集

Jixie Zhitu yu CAD Xitiji

马海彦　李小曼　主编

策划编辑：张　毅

责任编辑：张　毅

封面设计：王　琛

责任监印：朱　玢

出版发行：华中科技大学出版社(中国·武汉)　　电话：(027)81321913

武汉市东湖新技术开发区华工科技园　　邮编：430223

录　　排：武汉市洪山区佳年华文印部

印　　刷：武汉市洪林印务有限公司

开　　本：787mm×1092mm　1/16

印　　张：15.5

字　　数：58 千字

版　　次：2024 年 8 月第 1 版第 1 次印刷

定　　价：49.80

前言 QIANYAN

根据教育部制定的《高职高专工程制图课程教学基本要求(机械类专业)》,本习题集编写的指导思想是以提高学生的职业能力和职业素质为宗旨,注重对学生的绘图能力、读图能力和空间想象力的培养。本习题集与马海彦、杜海军主编的《机械制图与CAD》配套使用。

本习题集的主要特点如下。

(1) 项目引导、任务驱动、案例教学。主要以工作项目构建制图和识图能力目标,每个项目按照行动导向原则分解为若干个任务,同时选用真实机械产品为经典案例,融“教、学、做、练”于一体。

(2) 遵循从易到难、循序渐进的原则。编排顺序与教材保持一致,力求符合课程的基本要求,注意职业教育应用为主、理论联系实际的特点,便于不同类型、不同学时的专业选用。

(3) 强调应用性,体现工具性,突出先进性。适当减少了尺规绘图的作业量,强化了徒手绘图的训练,既加强学生的绘图能力的培养,又有利于提高学习效率。

(4) 采用最新的国家标准。采用国家最新颁布的《技术制图》《机械制图》标准。

本书由陕西机电职业技术学院马海彦、李小曼担任主编,西安风标电子科技有限公司张志云担任副主编,陕西机电职业技术学院卢静、刘芳芳、张亮亮、胡蕾参编。

由于编者水平有限,书中不妥之处在所难免,敬请广大师生批评指正。

编　者

目录 MULU

任务 1.1　字体练习

1. 汉字练习。

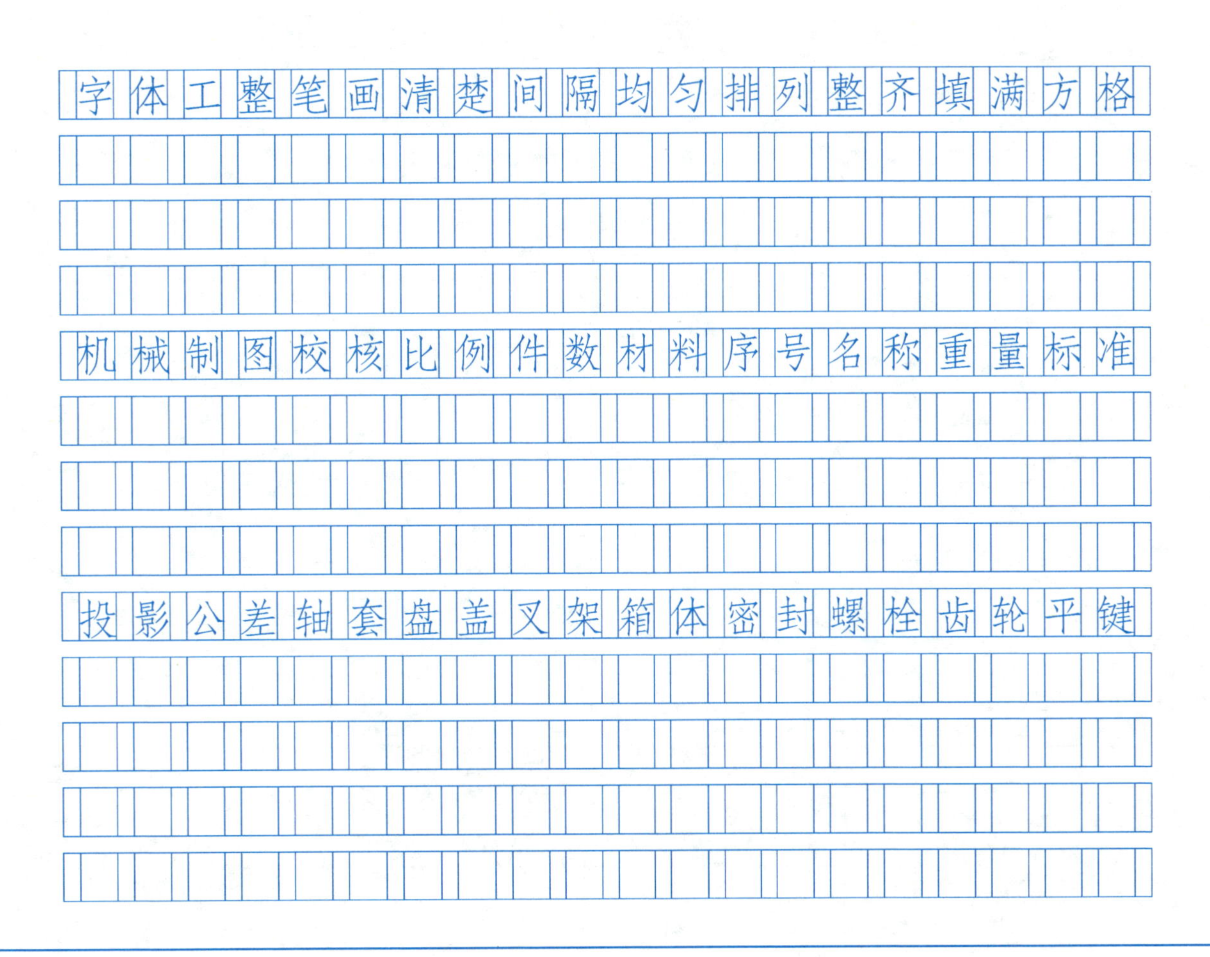

班级＿＿＿＿＿ 姓名＿＿＿＿＿ 学号＿＿＿＿＿ 日期＿＿＿＿＿

2.数字练习。

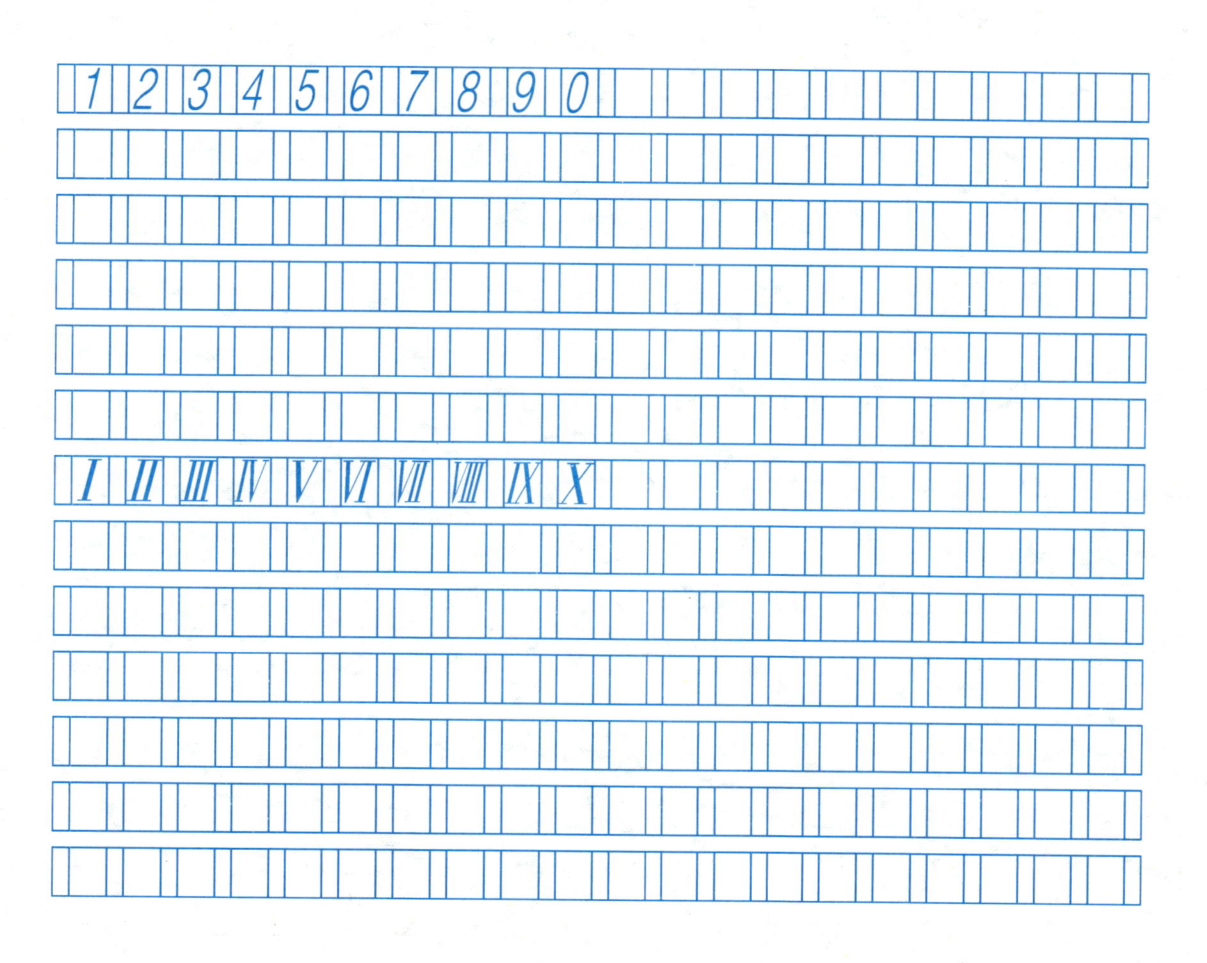

班级______ 姓名______ 学号______ 日期______

3. 字母练习。

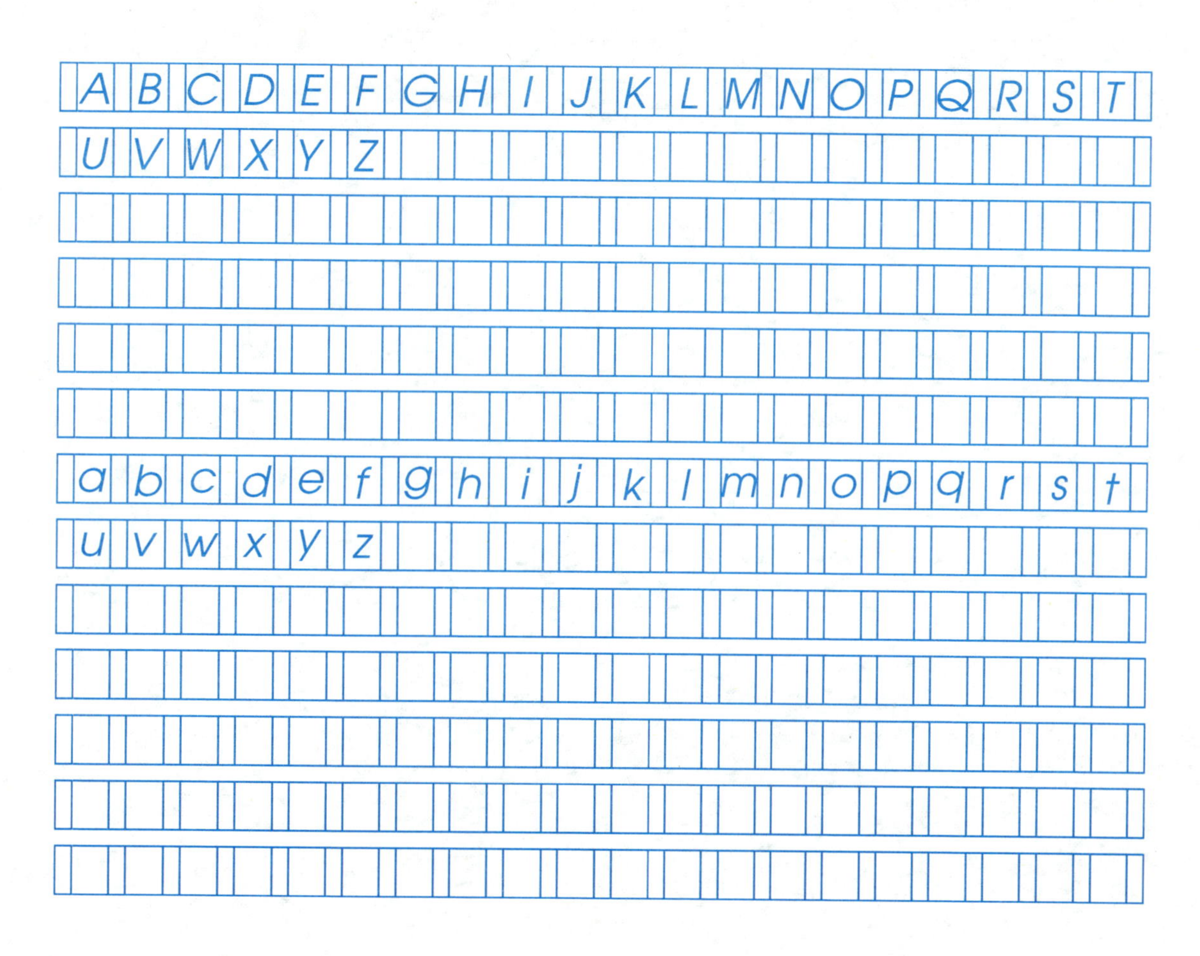

班级__________ 姓名__________ 学号__________ 日期__________

任务 1.2　线型练习

班级____________ 姓名____________ 学号____________ 日期____________

任务 1.3 尺寸标注法

1. 补全下列图中未注尺寸数字和箭头，箭头及数字书写以图中标注出的数字和箭头为准，尺寸的数值按 1∶1 的比例从图中量取，取整数。

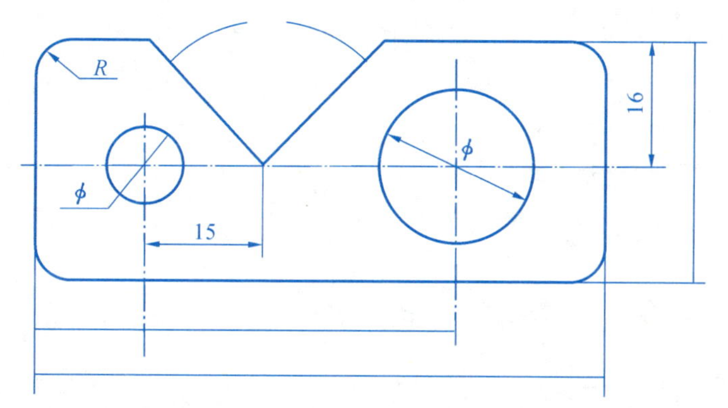

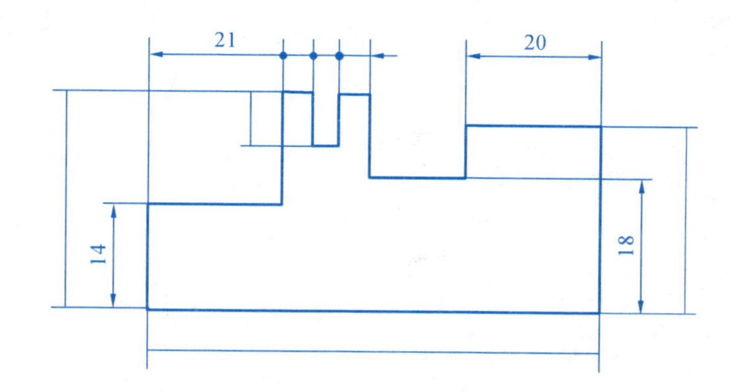

2. 比较下列两图，了解标注尺寸常见的错误。

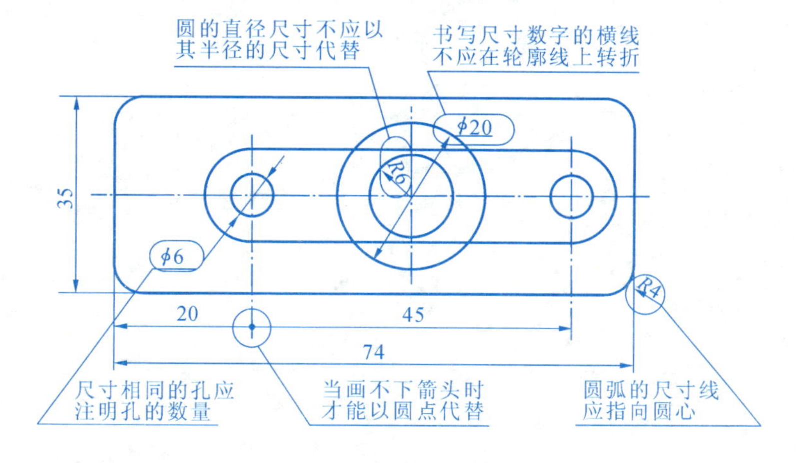

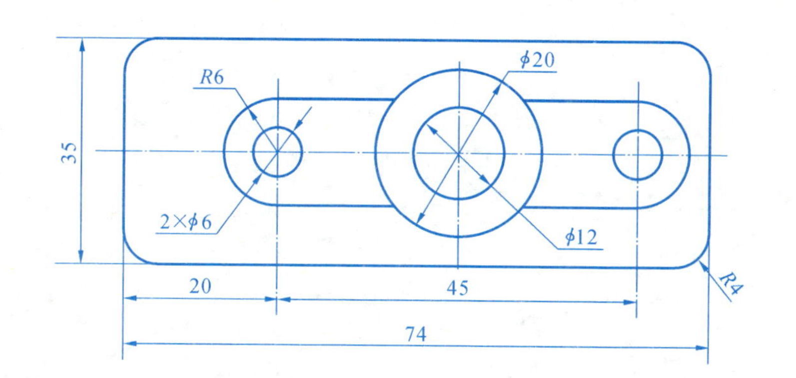

任务 1.4 几何作图

1. 在下图中画出圆内接正六边形。

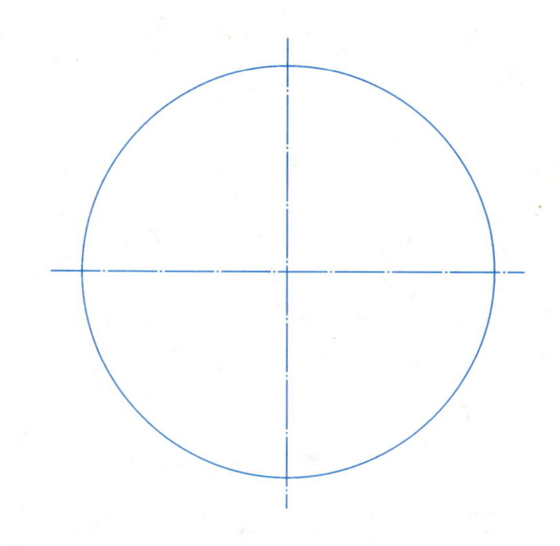

2. 按图例的 2 倍大小完成下图。

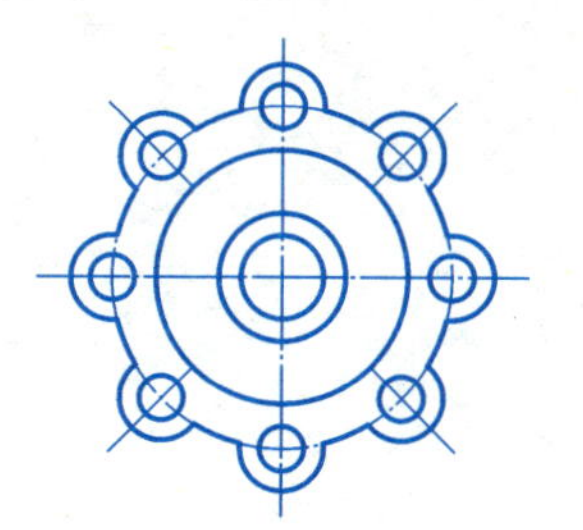

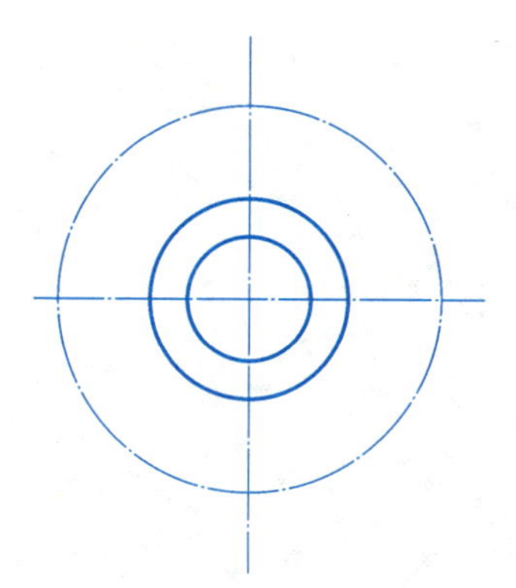

班级____________ 姓名____________ 学号____________ 日期____________

任务 1.5 平面图形的画法

1. 按图中给出的尺寸完成图中的圆弧连接。

(1)

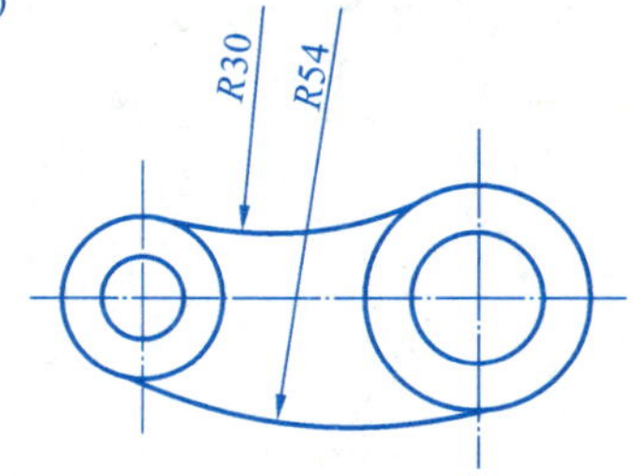

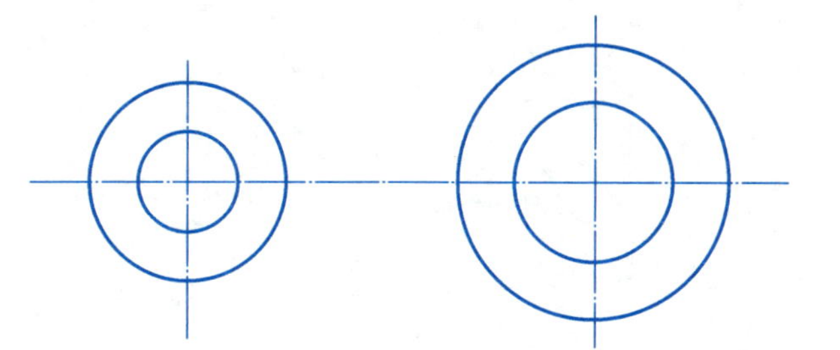

班级__________ 姓名__________ 学号__________ 日期__________

（2）

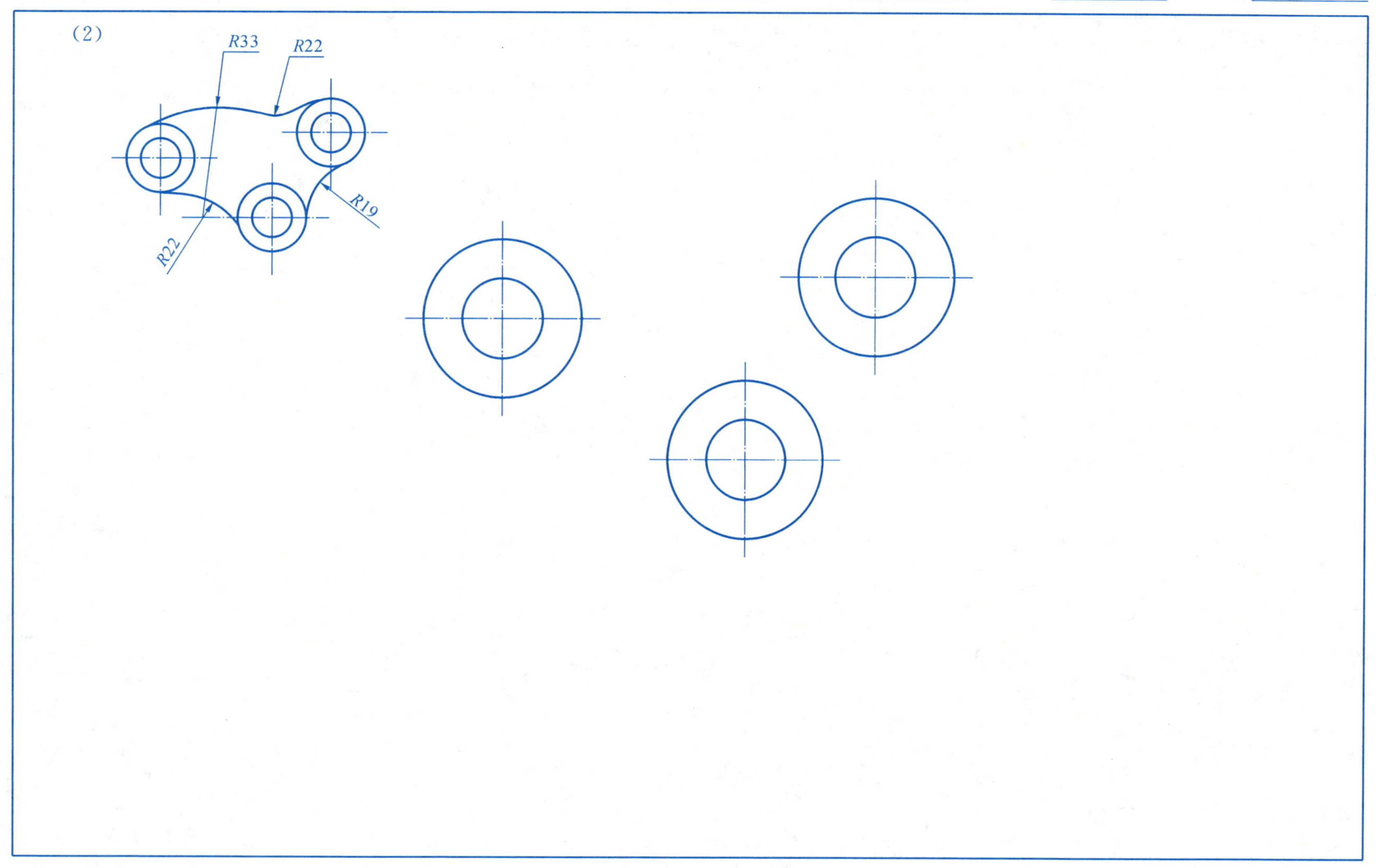

2. 平面图形大作业(按给定尺寸,用 1∶1 的比例在 A4 图纸上画出下列图形)。

(1)

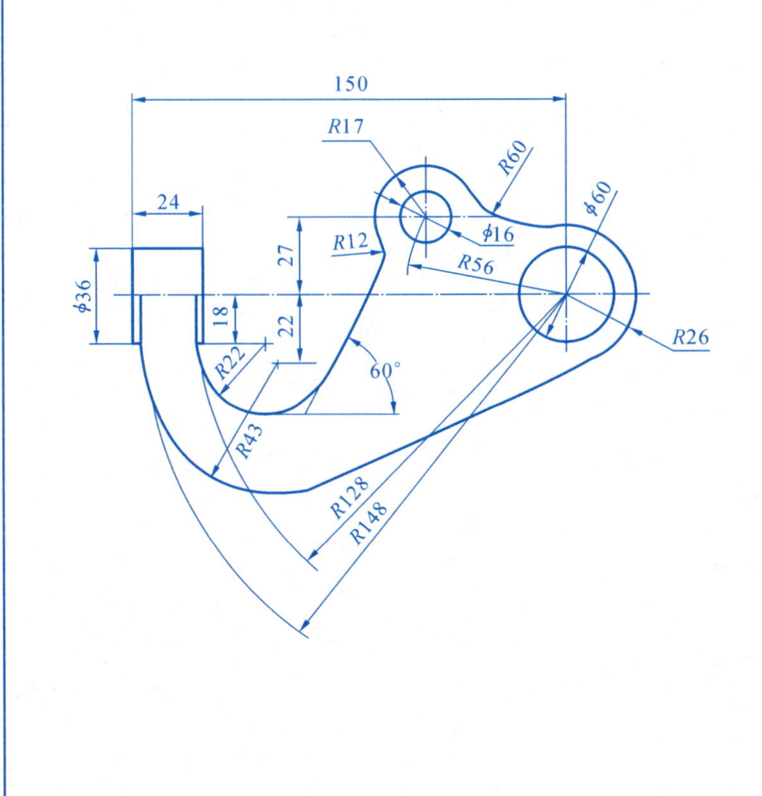

(2)

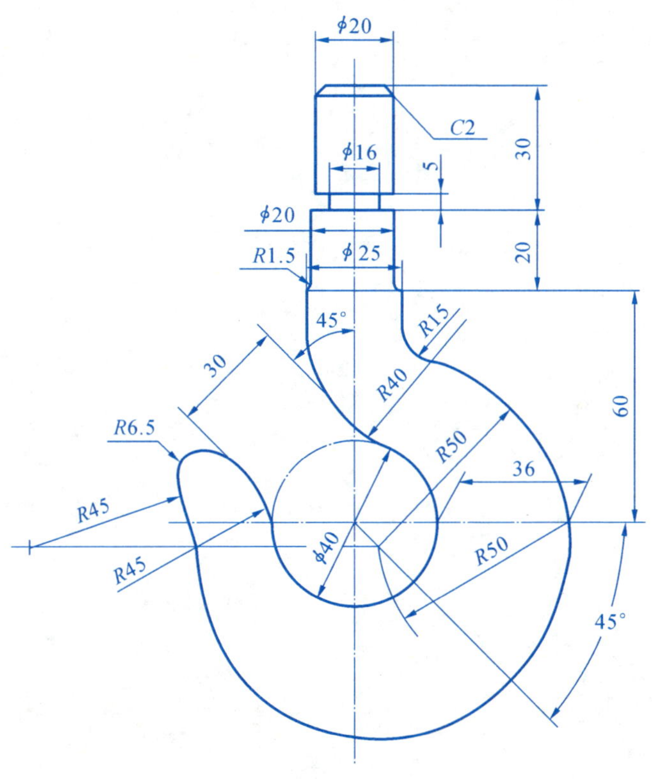

班级＿＿＿＿＿＿　姓名＿＿＿＿＿＿　学号＿＿＿＿＿＿　日期＿＿＿＿＿＿

任务 1.6　徒手绘图

将右图徒手在左边方格纸上画出,并标注尺寸。

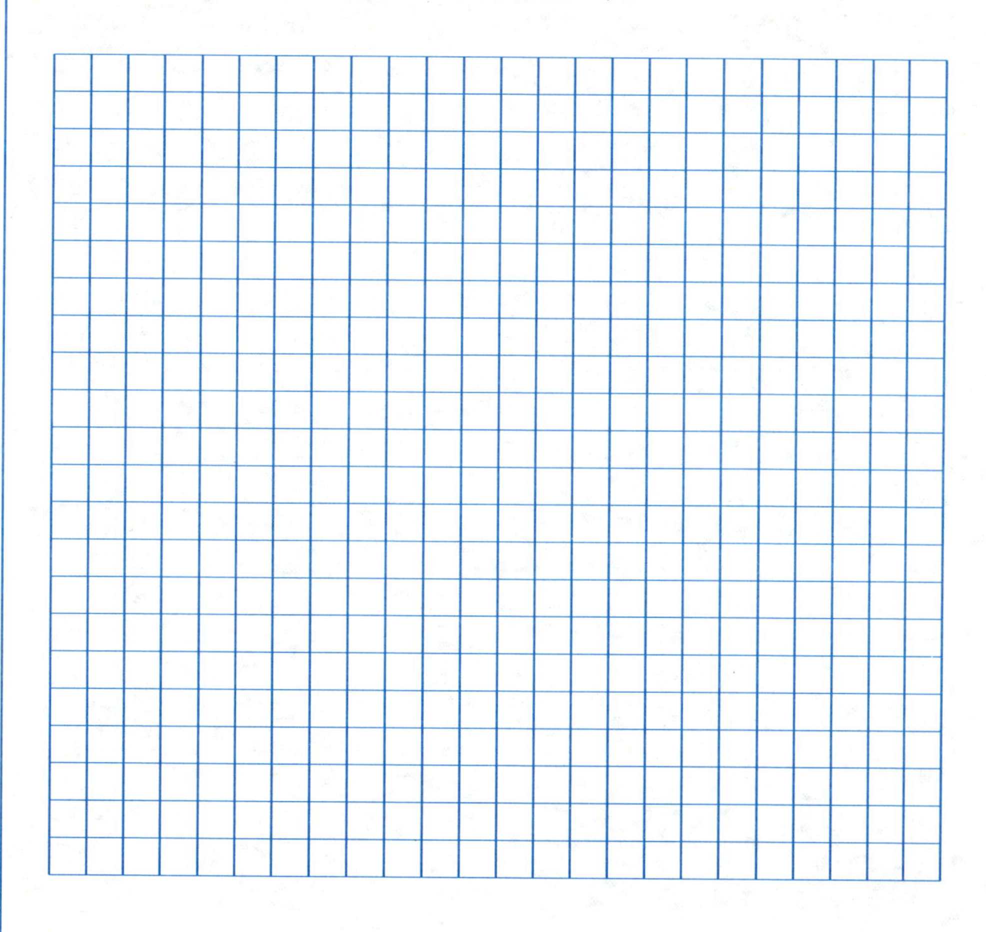

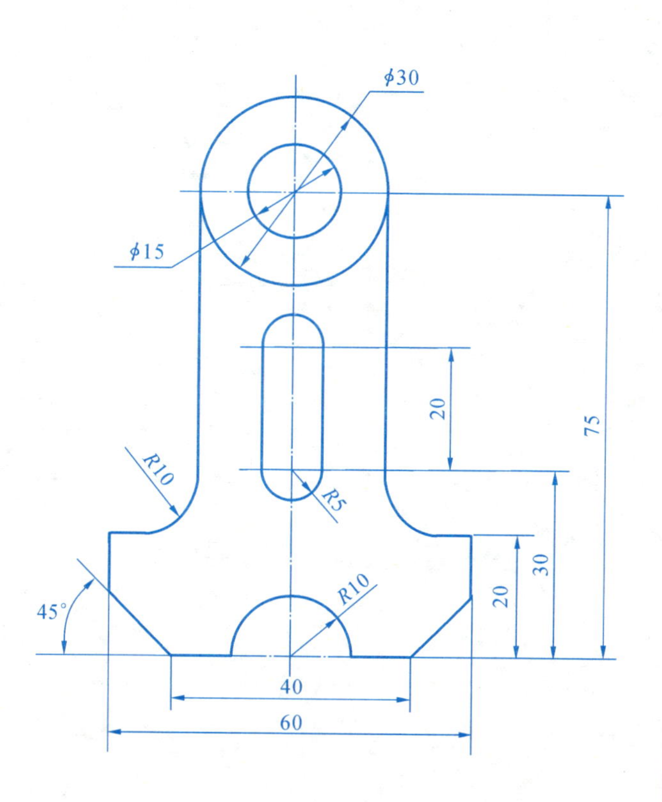

任务 2.1　正投影法

根据立体轴测图及其在三投影面体系中所处的位置，画出它的三视图并回答问题。

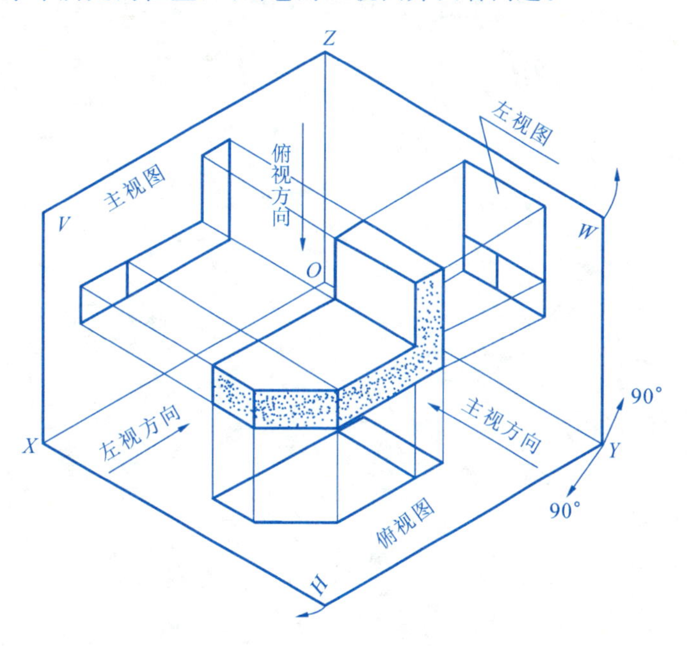

（1）写出视图中的“三等”关系：

主、俯视图关系是＿＿＿＿＿＿；主、左视图关系是＿＿＿＿＿＿；俯、左视图关系是＿＿＿＿＿＿。

（2）写出视图所反映物体的方位关系：

主视图反映物体的＿＿＿＿＿＿和＿＿＿＿＿＿；左视图反映物体的＿＿＿＿＿＿和＿＿＿＿＿＿；俯视图反映物体的＿＿＿＿＿＿和＿＿＿＿＿＿；俯、左视图远离主视图的一边，表示物体的＿＿＿＿＿＿面；俯、主视图靠近主视图的一边，表示物体的＿＿＿＿＿＿面。

任务 2.2　三视图的形成及其投影规律

1. 补画视图中所缺的图线。

(1)

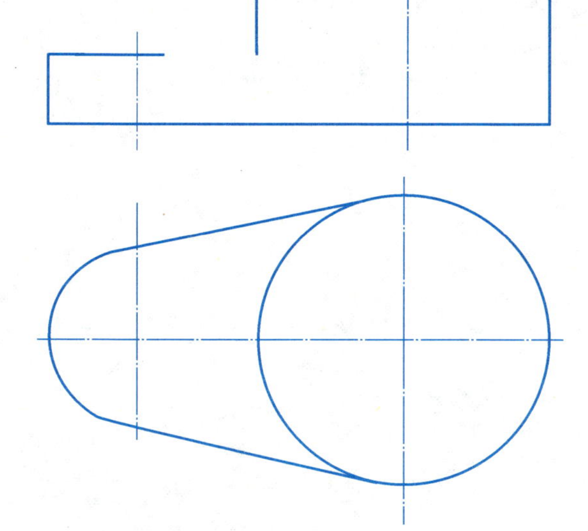

(2)

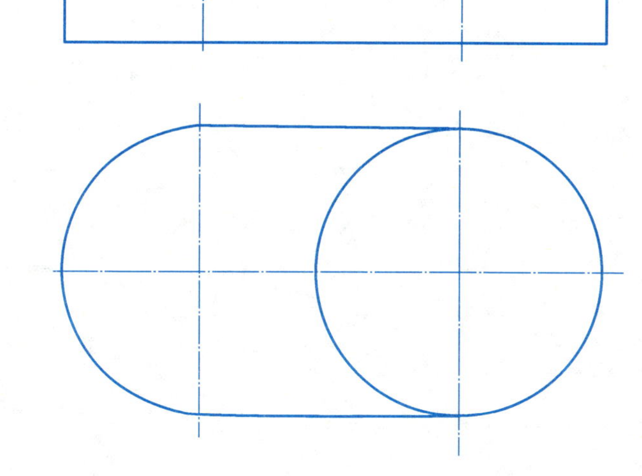

（3）

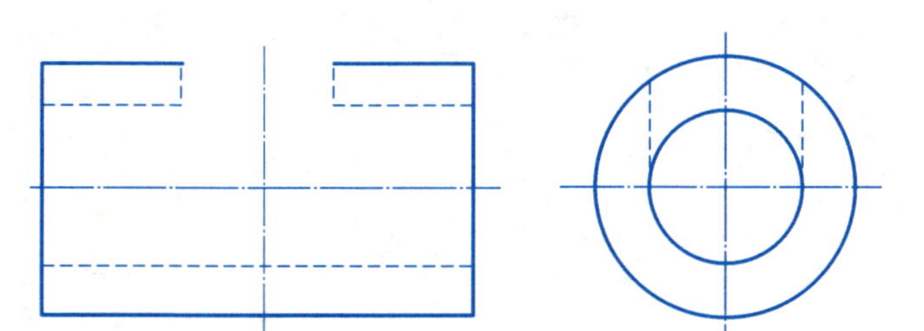

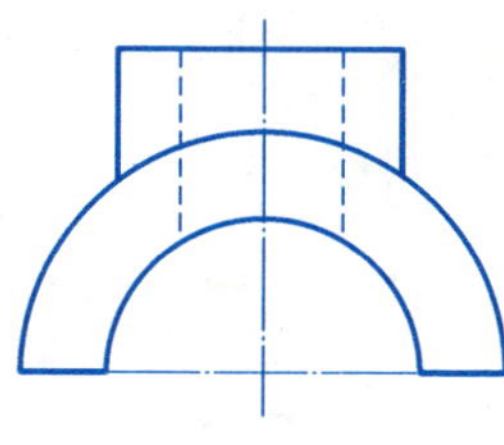

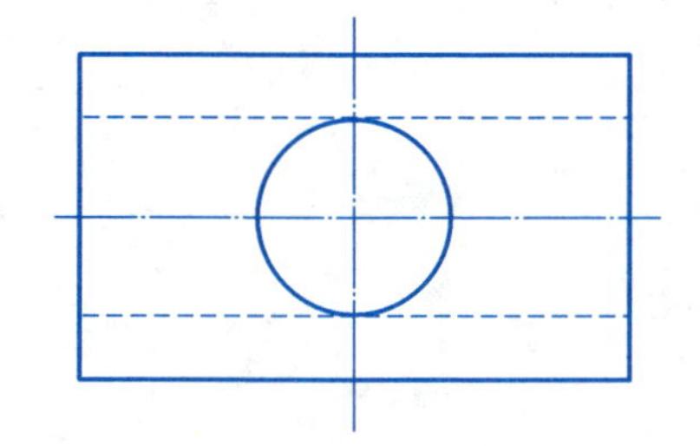

（4）

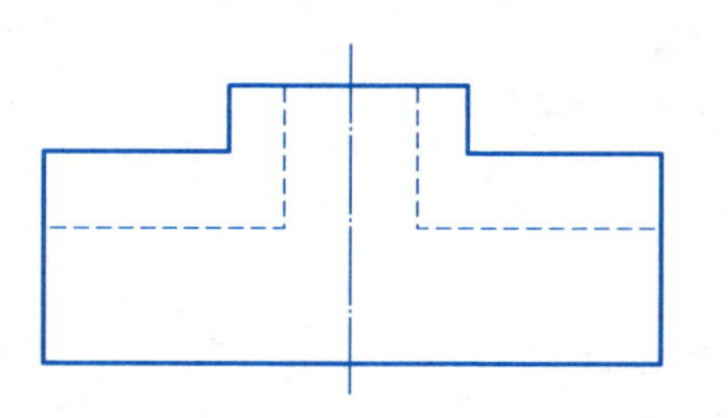

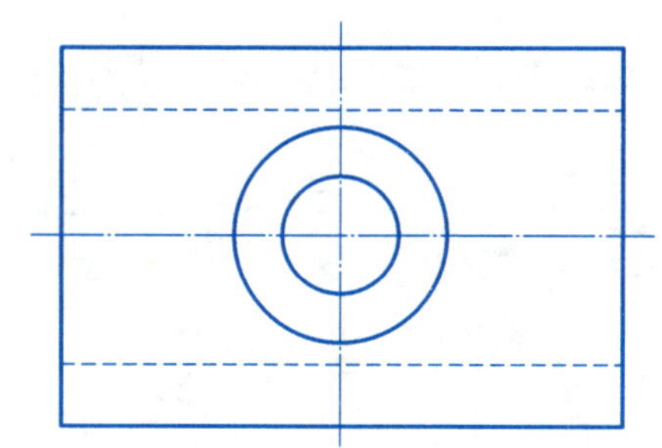

2. 根据所给的视图，想象出物体的形状，补画主视图中所缺的图线。

(1)

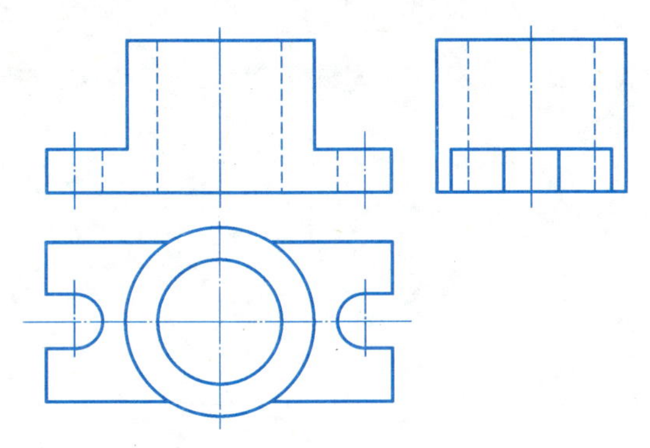

(2)

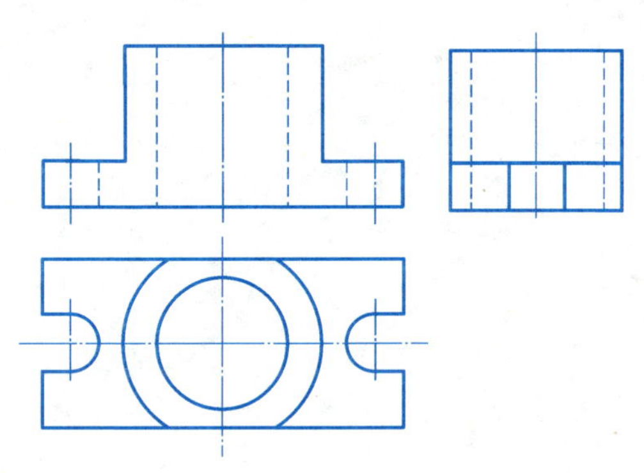

(3)

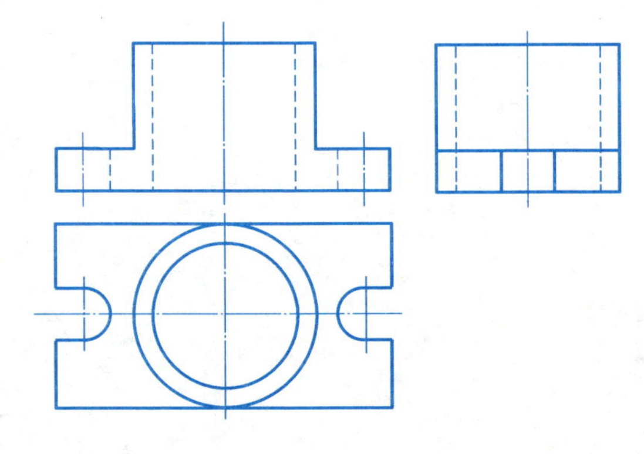

(4)

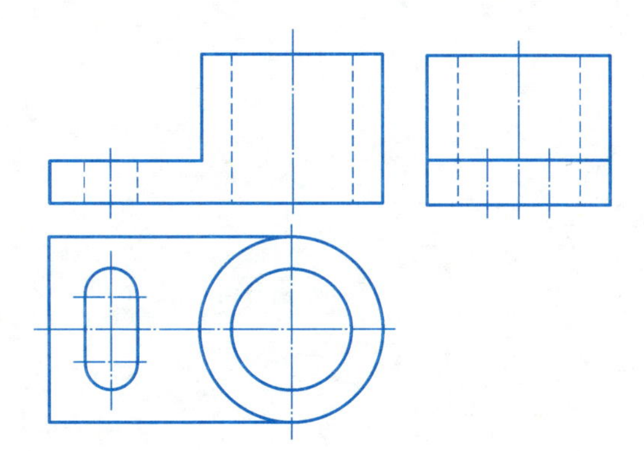

3. 根据所给视图，想象出物体的形状，补画出主视图中的缺线。

(1)

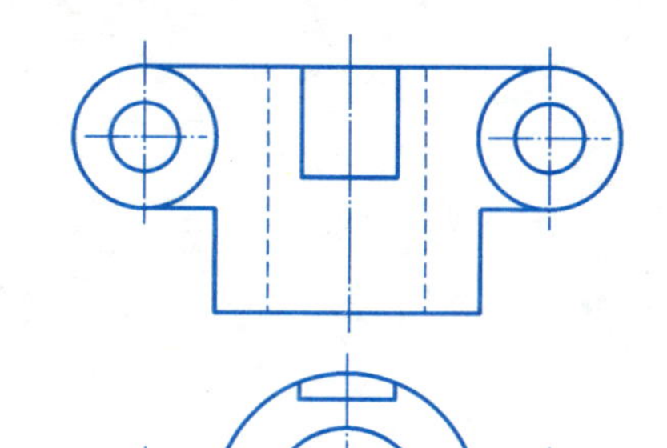

(2)

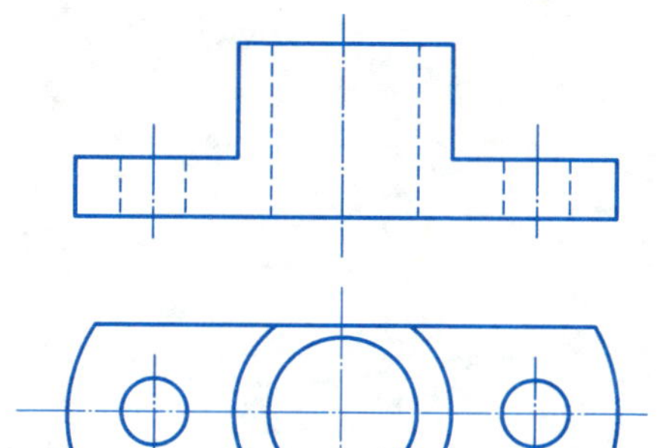

(3)

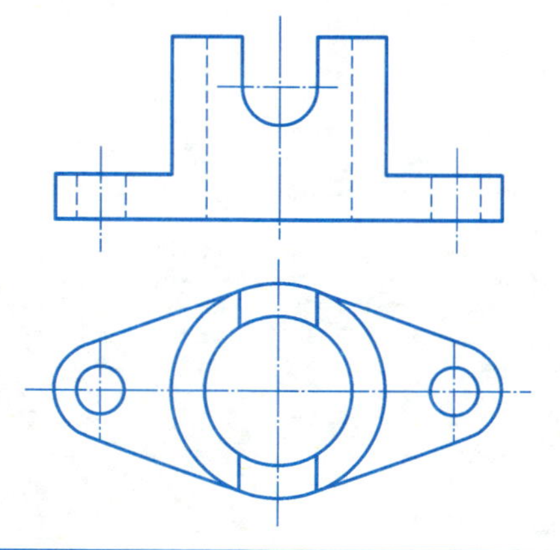

(4)

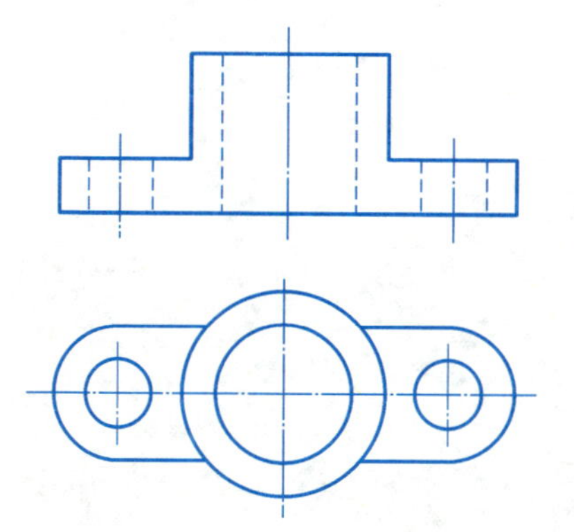

班级____________ 姓名____________ 学号____________ 日期____________

任务 2.3 点的投影

1. 已知下列各点的两面投影，求作它的第三面投影。

(1)

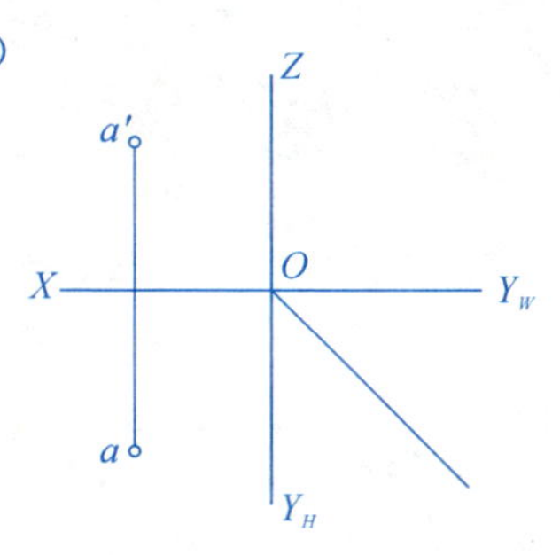

(2)

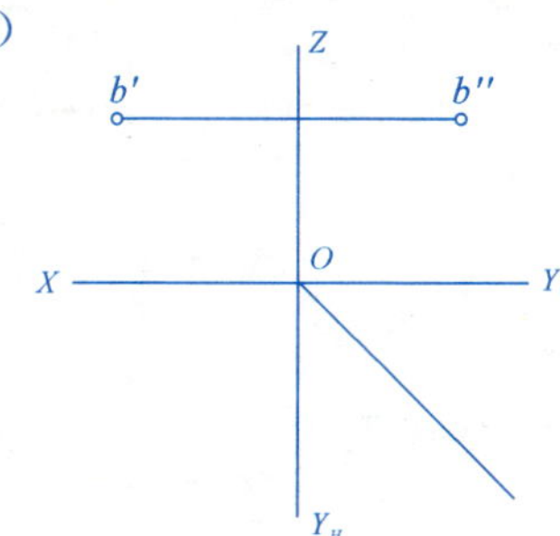

(3)

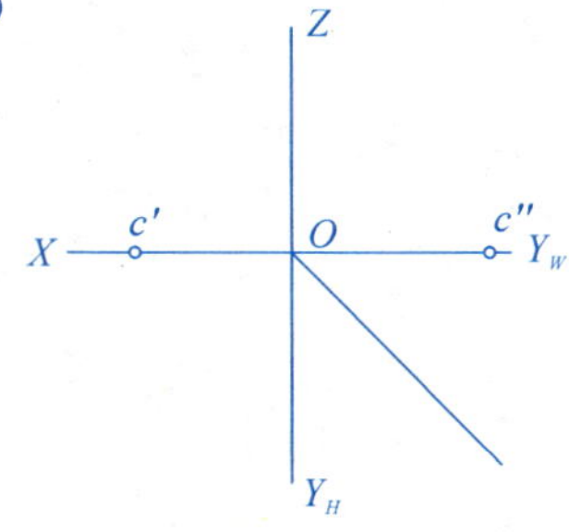

(4)

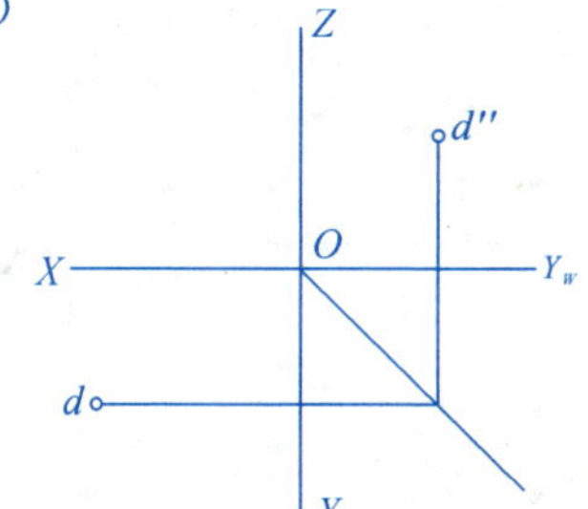

2. 已知下列各点的坐标，画出它的三面投影。

(1) $A(8,12,18)$，$B(0,10,20)$

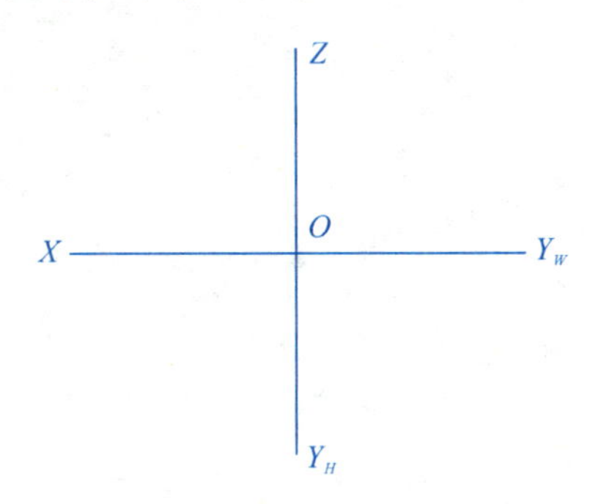

(2) $C(14,18,0)$，$D(0,14,0)$

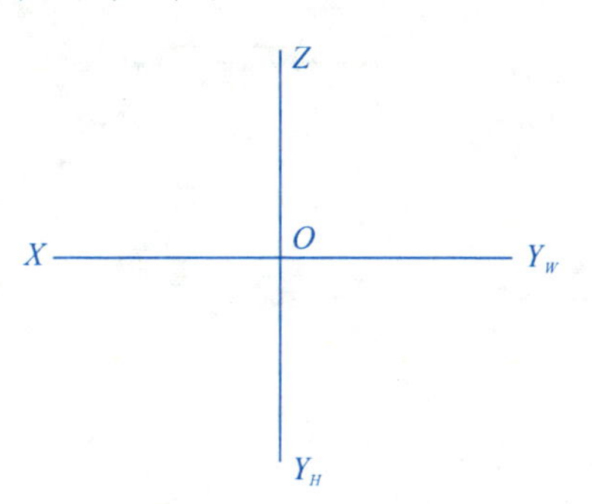

3. 判别 A、B 两点的相对位置。B 点在 A 点的________、________、________方。

4. B 点在 A 点左面 14 mm、后面 12 mm、上面 10 mm 处，求作 B 点的三面投影，并将 AB 连成直线。

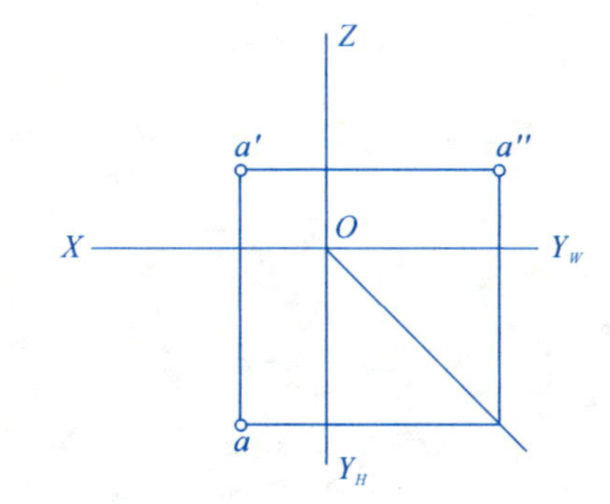

班级__________ 姓名__________ 学号__________ 日期__________

任务 2.4 直线的投影

1. 补画下列各直线的第三面投影，并说明它们各是什么位置的直线。

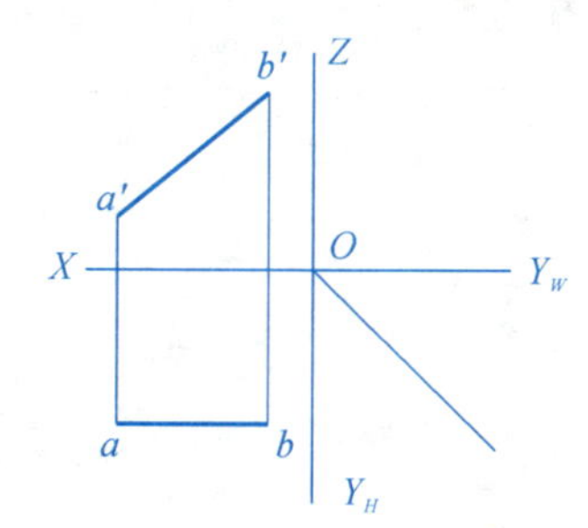

AB 是__________________

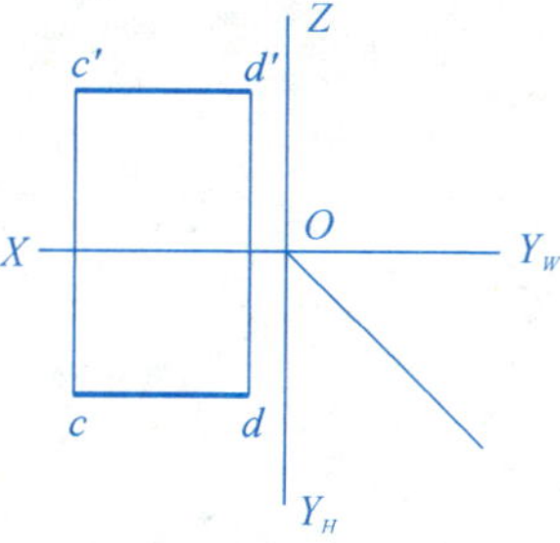

CD 是__________________

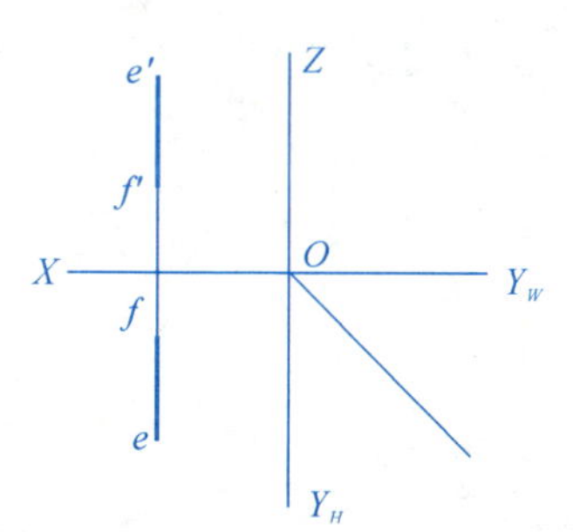

EF 是__________________

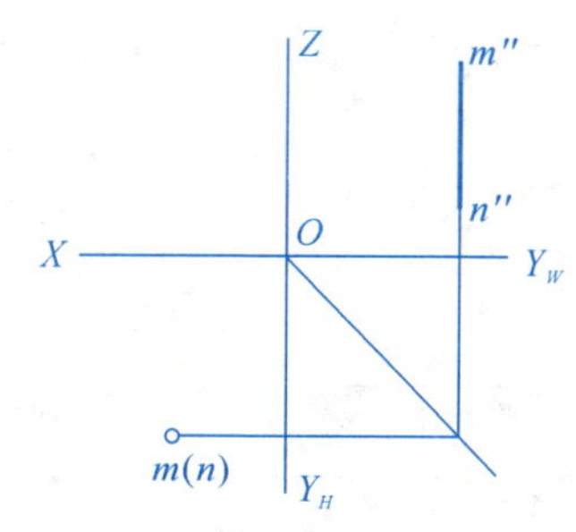

MN 是__________________

班级________ 姓名________ 学号________ 日期________

2. 求作 ab，判断 AB 的空间位置，并在图上标出它与 V 面的夹角。

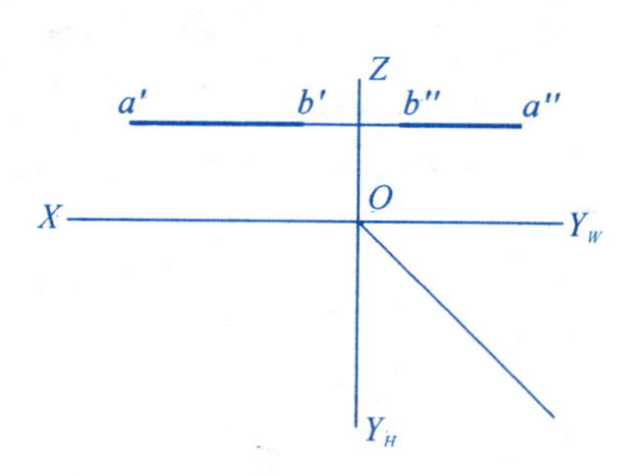

3. 自 A 点作正垂线 AB，AB 的实长为 12 mm。

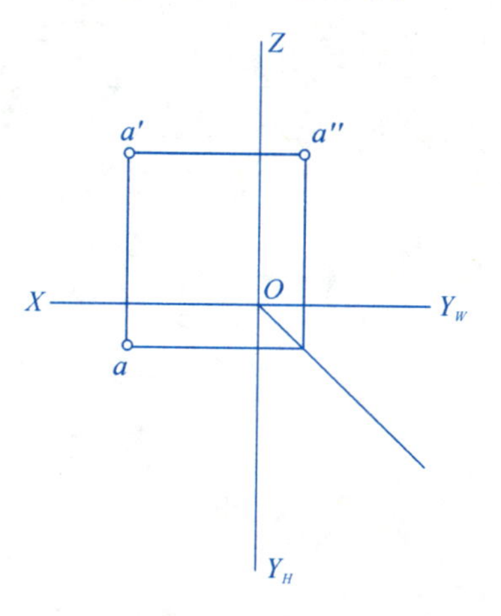

4. 求侧平线 MN 的另两面投影，并标出倾角 α 和 β 的大小。

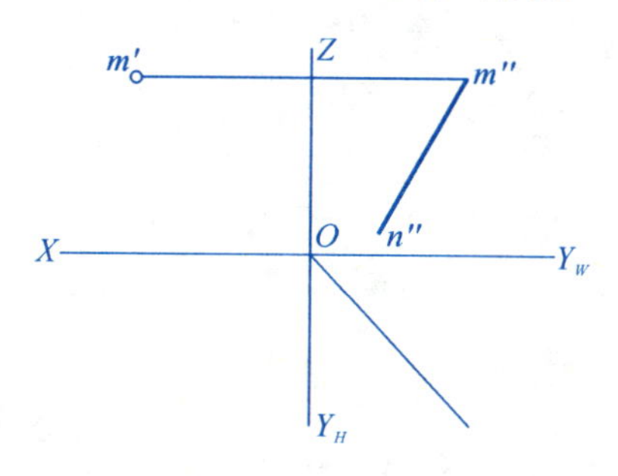

5. 已知侧平线 AB 及点 C 的投影，试判断点 C 是否在直线 AB 上。

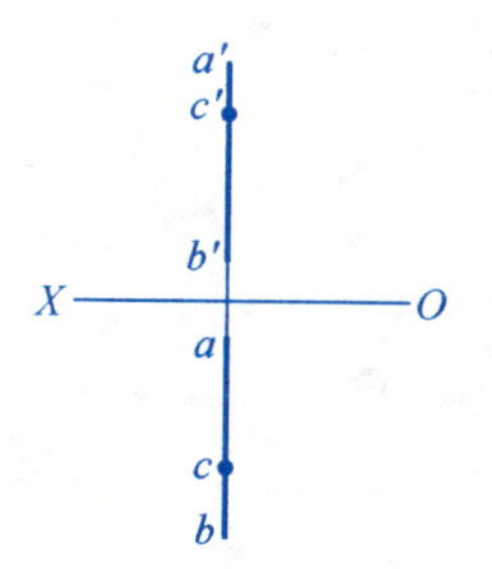

任务 2.5 平面的投影

1.求平面的第三面投影，并判断它们的空间位置。

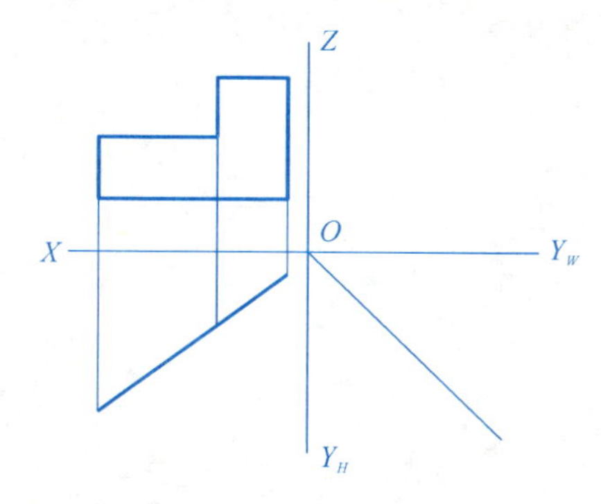

平面是＿＿＿＿＿＿＿＿＿＿＿＿面

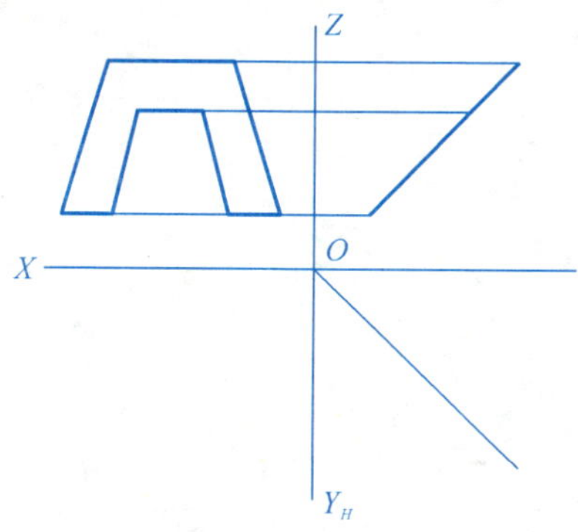

平面是＿＿＿＿＿＿＿＿＿＿＿＿面

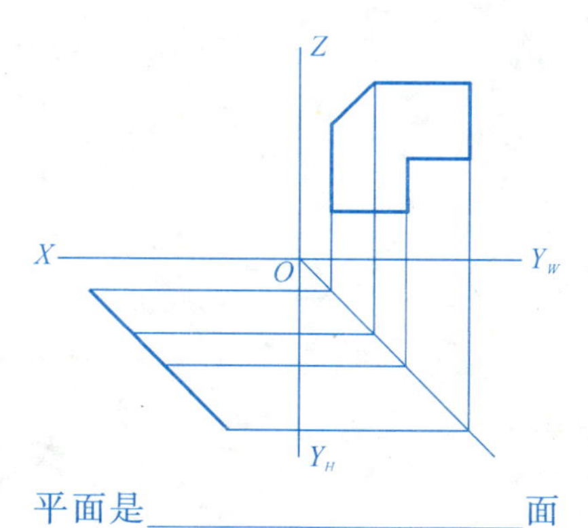

平面是＿＿＿＿＿＿＿＿＿＿＿＿面

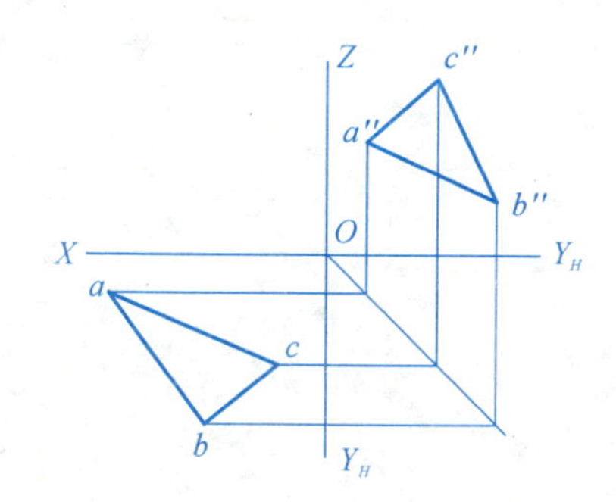

ABC 平面是＿＿＿＿＿＿＿＿＿＿＿＿面

班级______ 姓名______ 学号______ 日期______

2. 从视图中给出的面的积聚线 I 出发，在另两视图中找出平面的对应投影，并说明其空间位置。

(1)

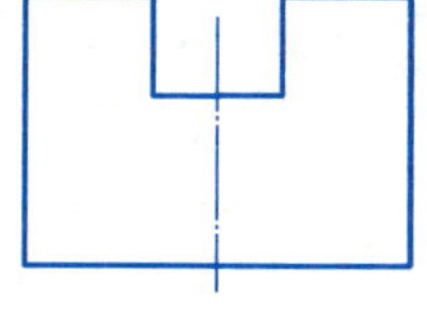

I

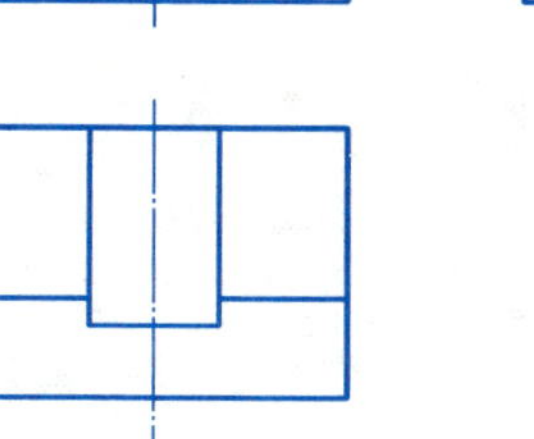

该平面是________________面

(2)

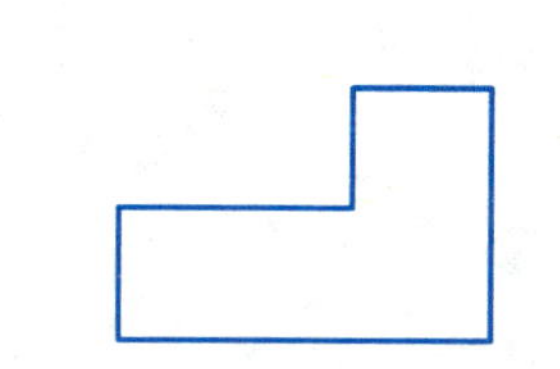

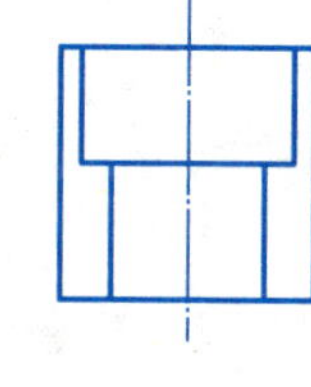

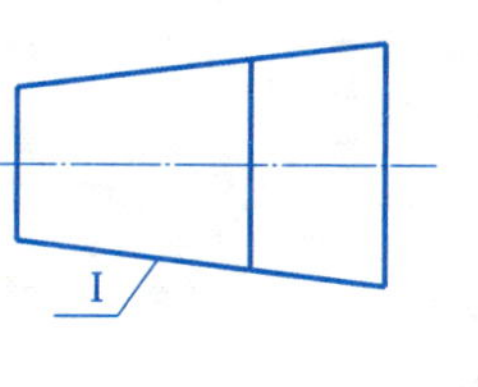

该平面是________________面

3. 已知△ABC平面内一点D的正面投影，求作其水平投影。

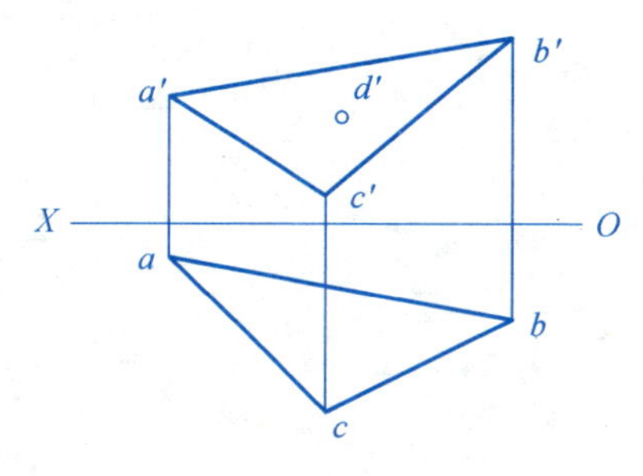

4. 判断点D是否在△ABC平面上。

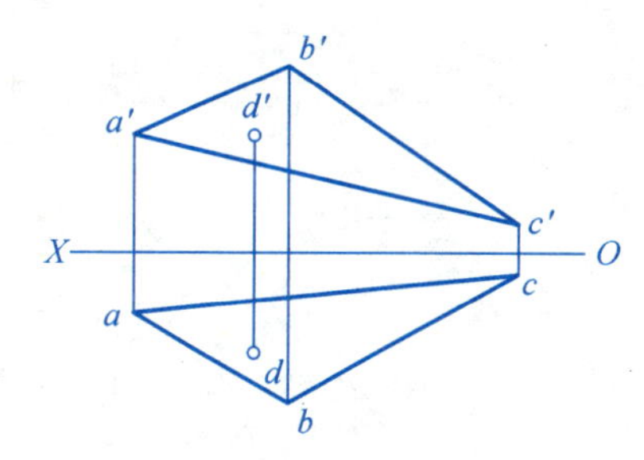

5. 判断点A和直线AB是否属于给定平面。

(1) 点A ________平面。

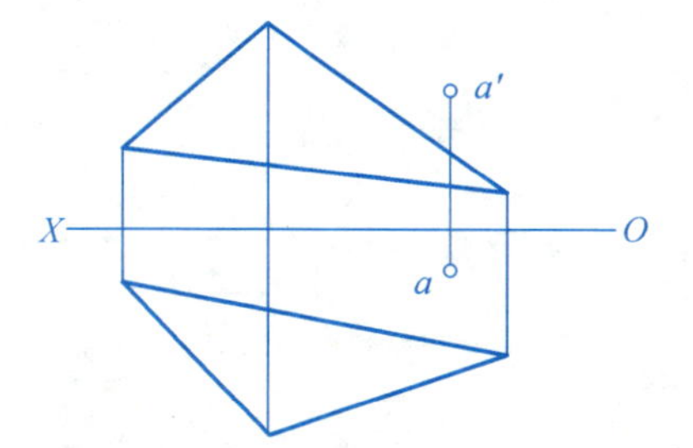

(2) 直线AB ________平面。

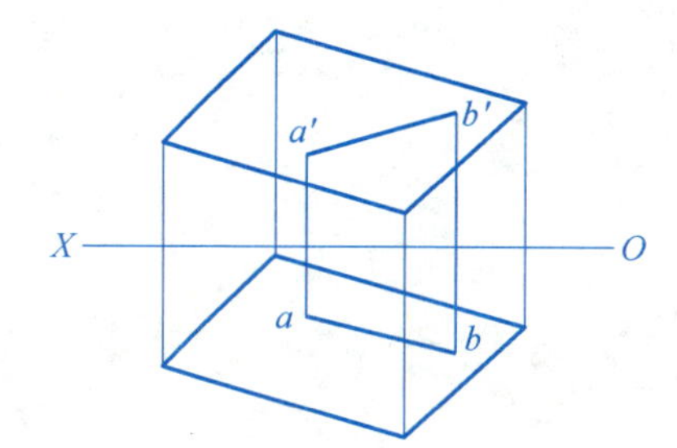

班级____________ 姓名____________ 学号____________ 日期____________

6. 已知三棱台的主、左视图，补画其俯视图，并作台表面上点 N 的另两面投影。

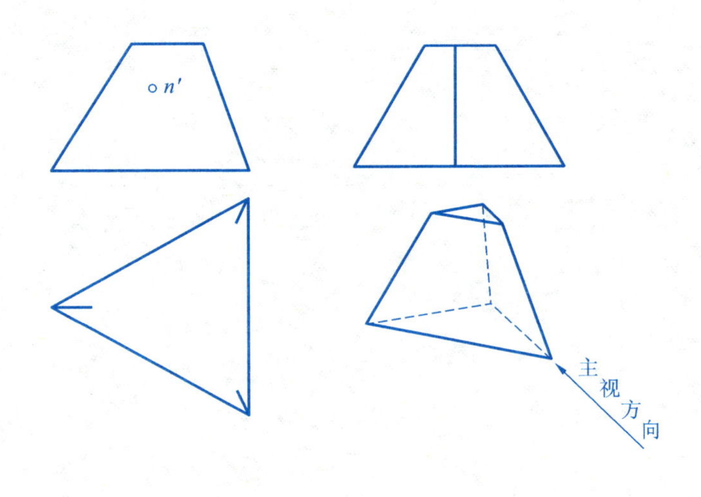

7. 补全平面的各投影。

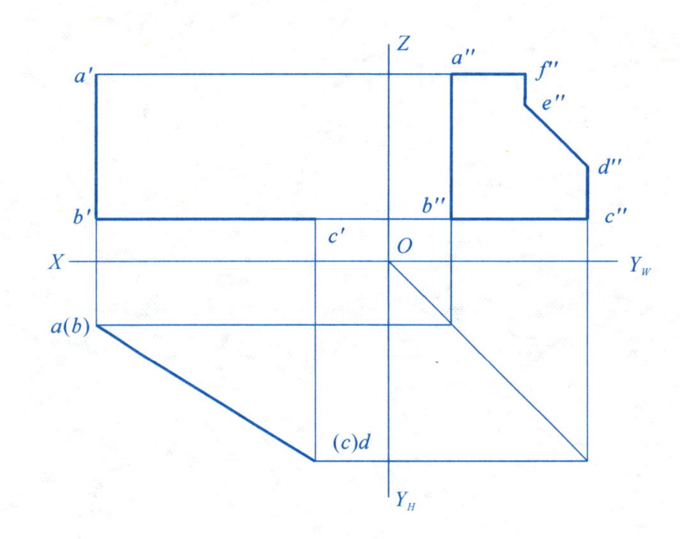

班级__________ 姓名__________ 学号__________ 日期__________

8. E、F 两点在 $KLMN$ 平面内，作出它们的另一面投影。

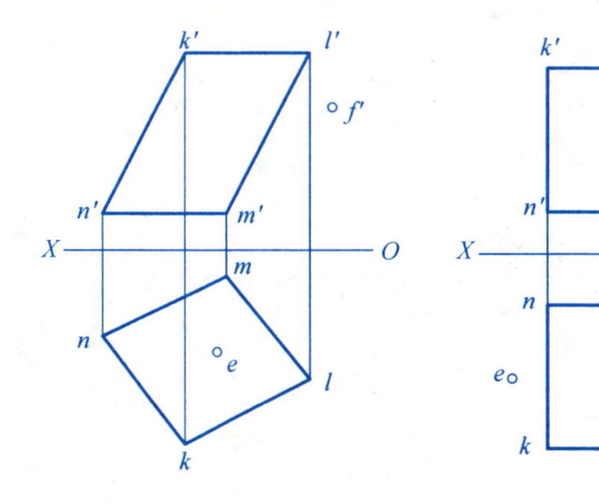

9. 画全 $ABCDE$ 平面的两投影。

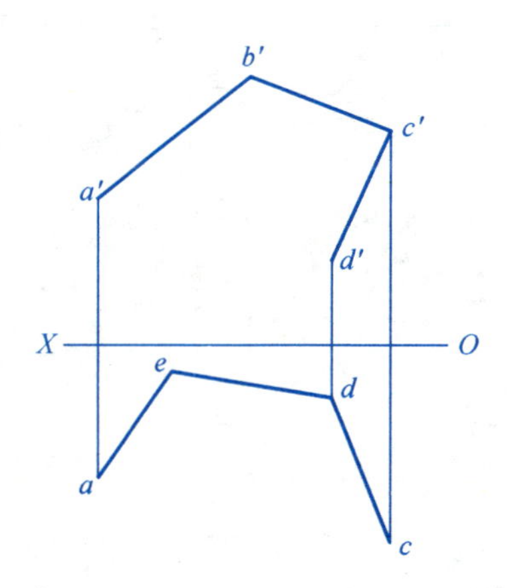

任务 3.1　平面立体的投影

已知立体的两面投影，补画第三面投影，并求表面上点的投影。

(1)

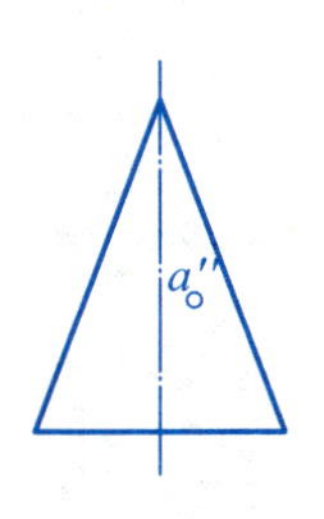

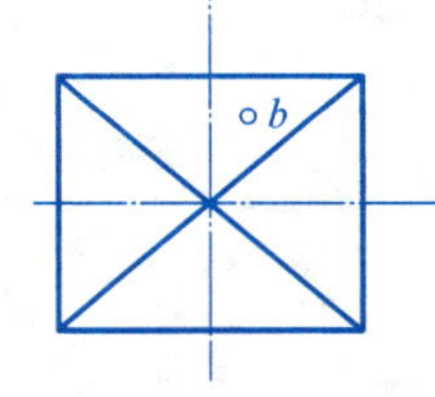

(2)

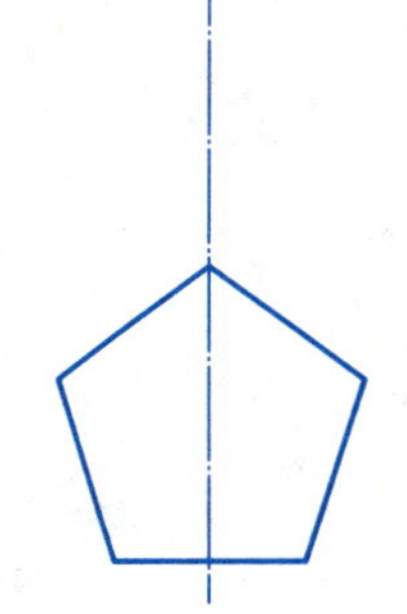

(b'')

a''

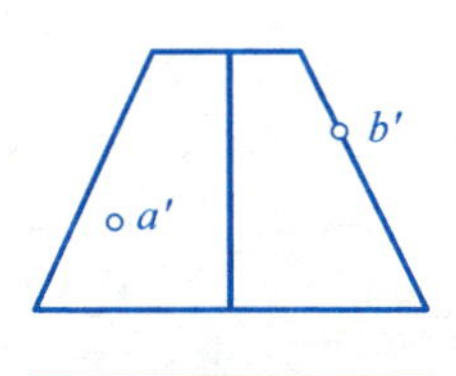

(3)

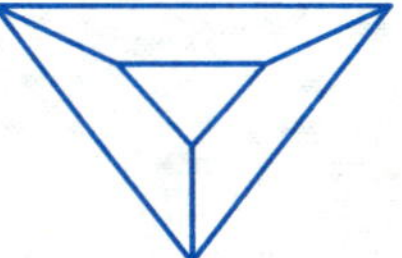

(4)

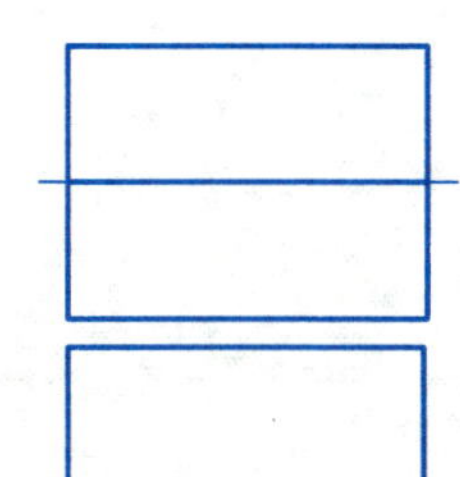

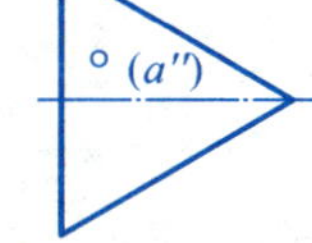

班级__________ 姓名__________ 学号__________ 日期__________

任务 3.2 曲面立体的投影

1. 已知立体的两面投影，补画第三面投影，并求表面上点的投影。

(1)

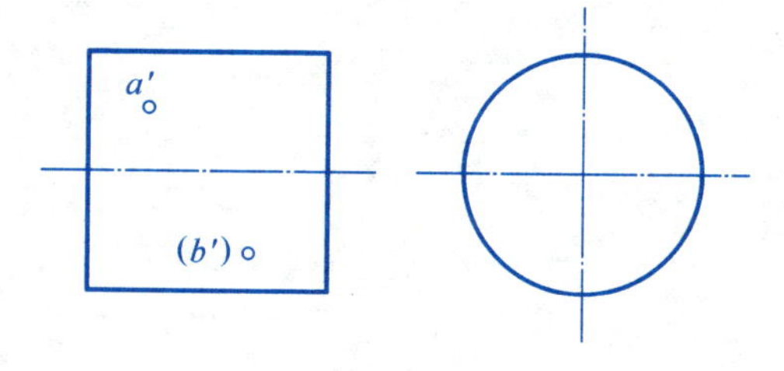

(2)

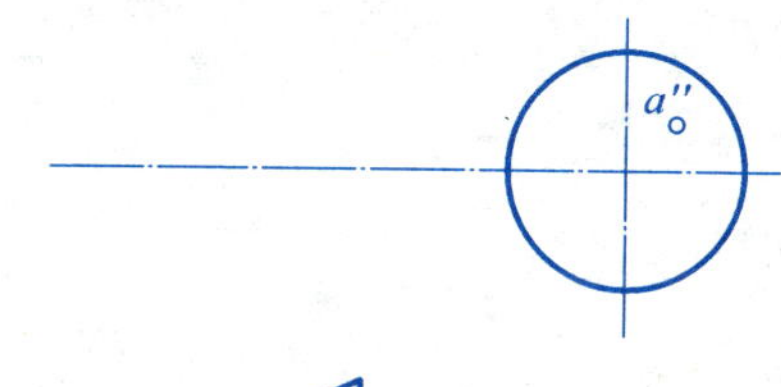

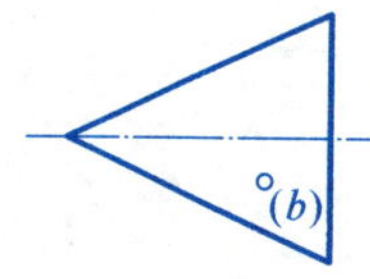

班级________ 姓名________ 学号________ 日期________

2. 补全曲面立体表面上点的另两面投影(不可见点的投影加括号)。

(1)

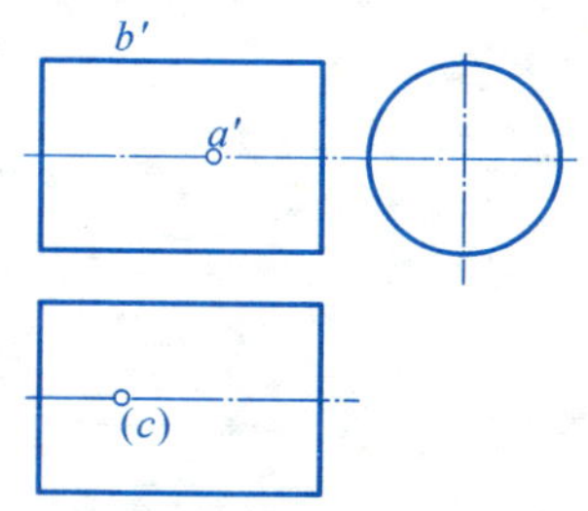

点 A 在最前素线上;点 B 在________素线上;

点 C 在________素线上。

(2)

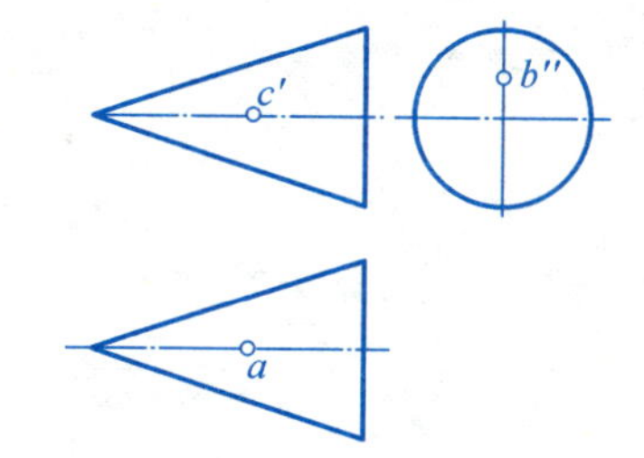

点 A 在________素线上;点 B 在________素线上;

点 C 在________素线上。

(3)

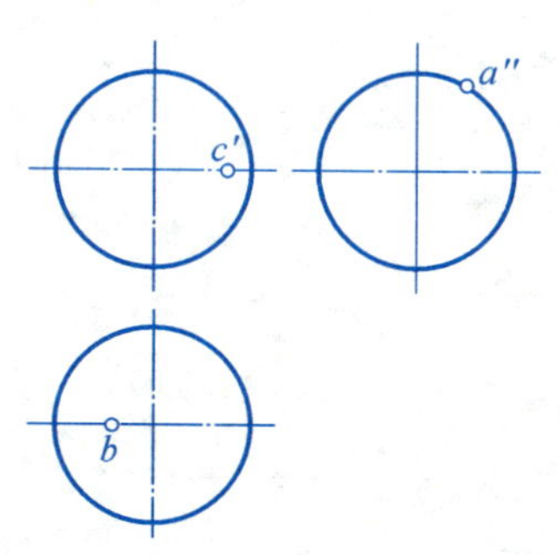

点 A 在平行________面的圆素线上;

点 B 在平行________面的圆素线上;

点 C 在平行________面的圆素线上。

(4)

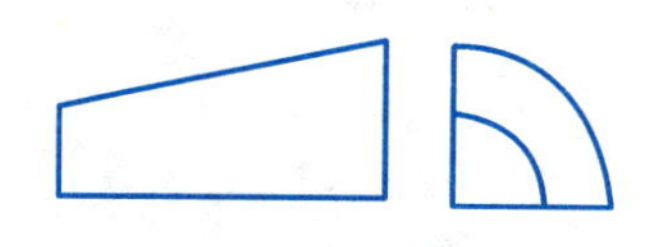

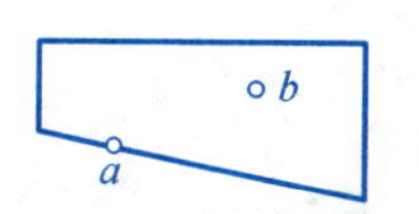

点 A 在________的轮廓素线上。

3.已知棱柱体的两视图，补画出第三视图。

(1)

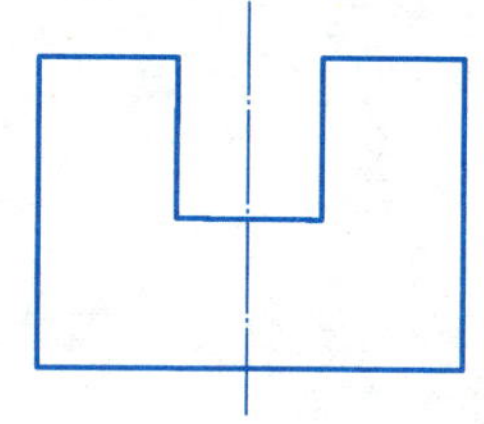

(2)

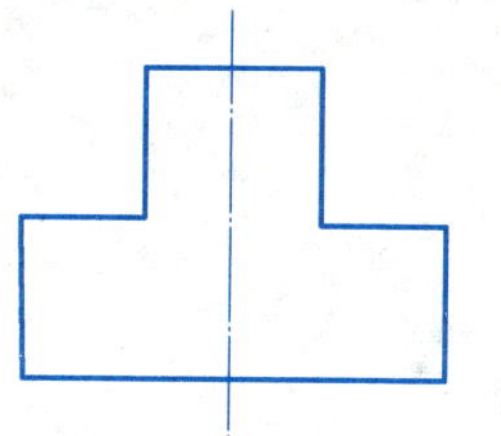

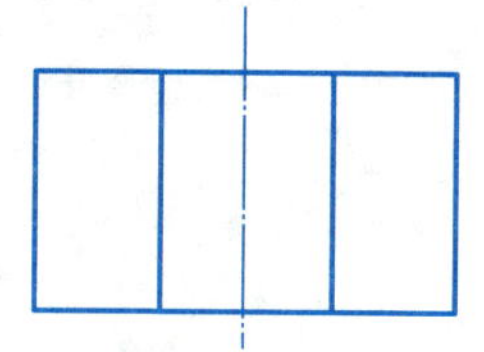

(3)

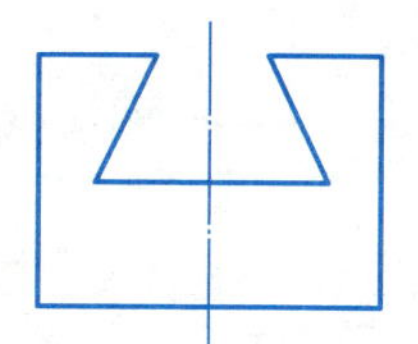

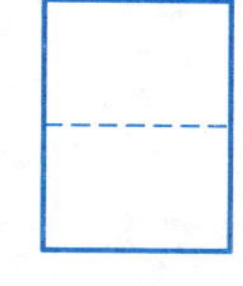

(4)

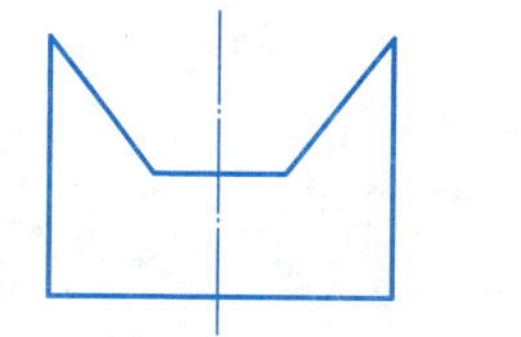

任务3.3 平面与立体表面的交线——截交线

1. 根据轴测图与已知主视图，补画出俯视图中的缺线及左视图。

(1)

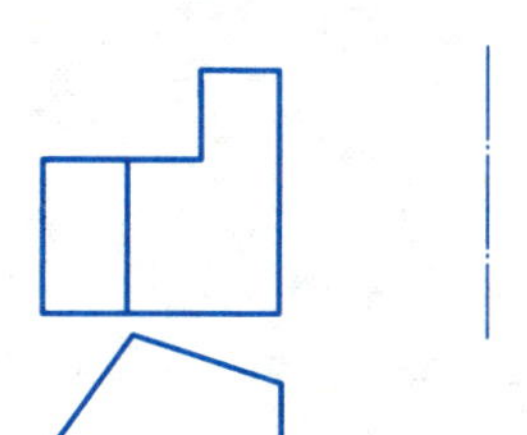

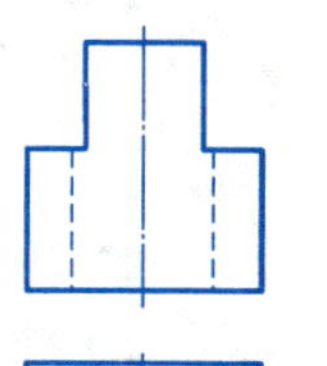

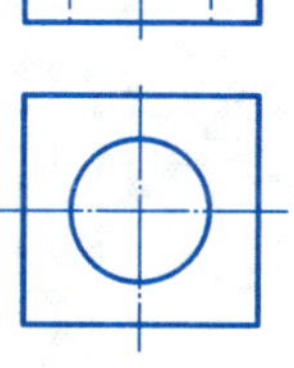

(2)

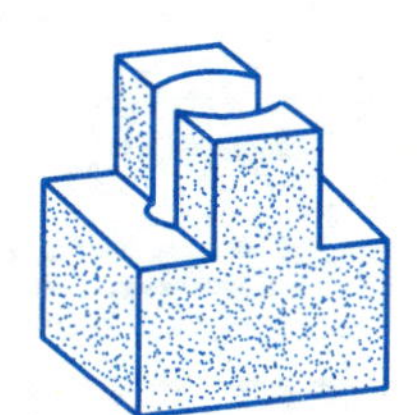

(3)

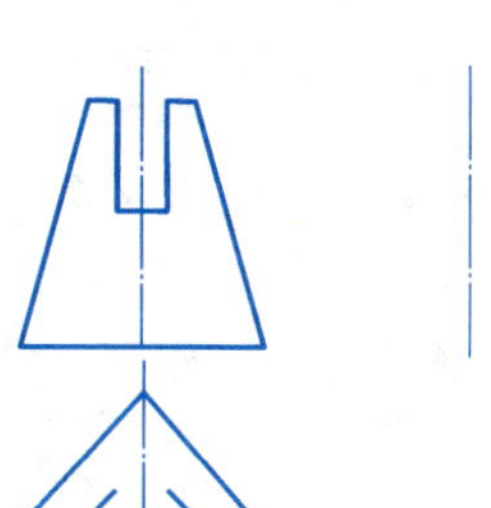

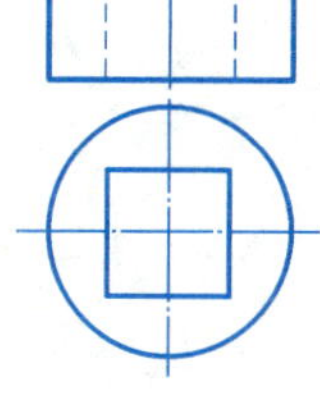

(4)

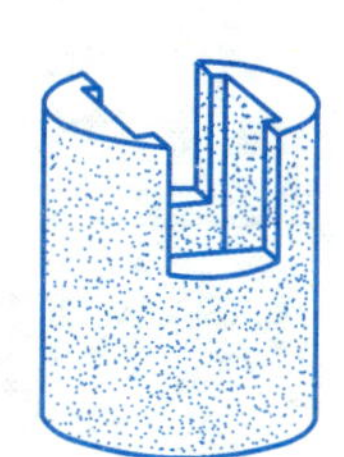

班级____________ 姓名____________ 学号____________ 日期____________

2.根据给定的两视图,想象出物体的形状,补画出第三视图。

(1)

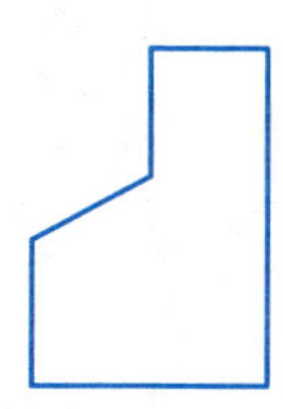

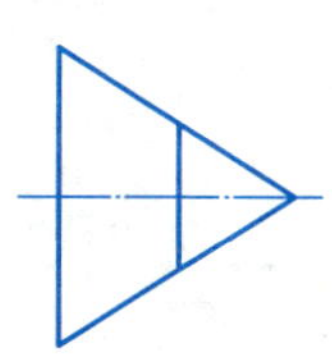

(2)

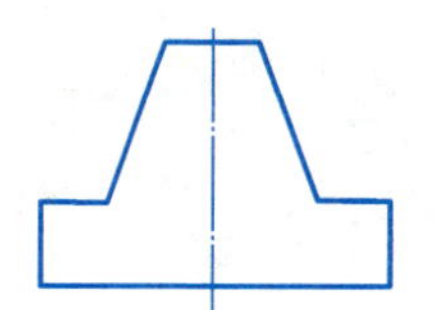

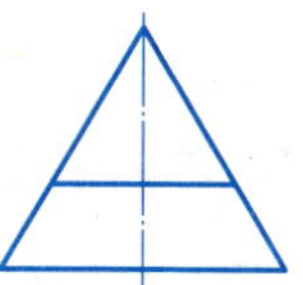

(3)

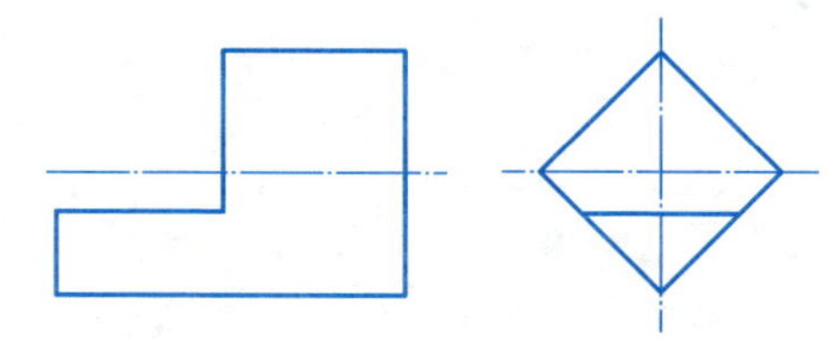

(4)

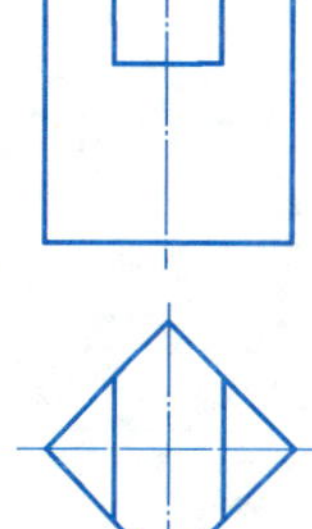

3.完成带切口立体的水平投影,求作它的侧面投影。

(1)

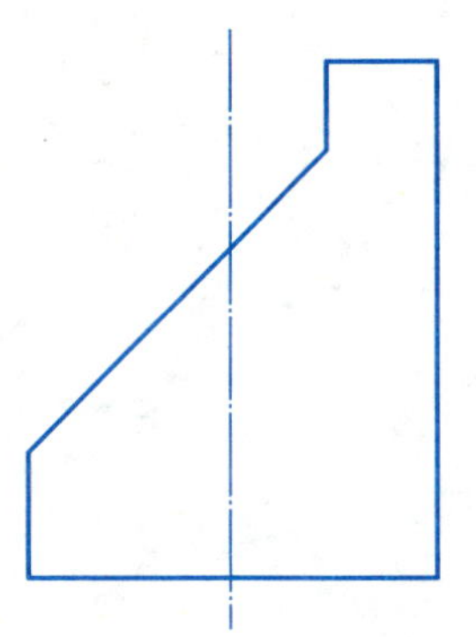

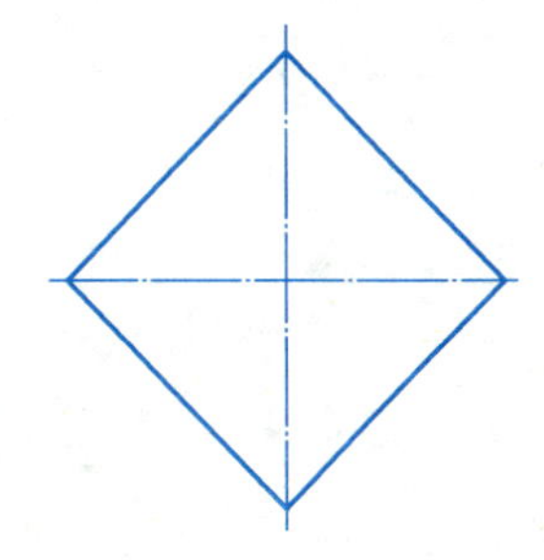

(2)

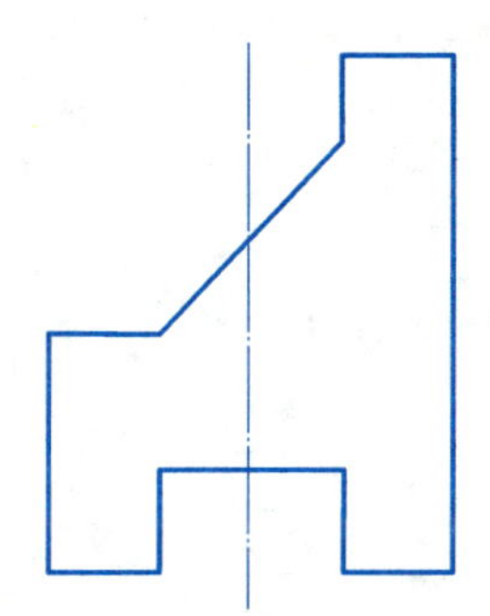

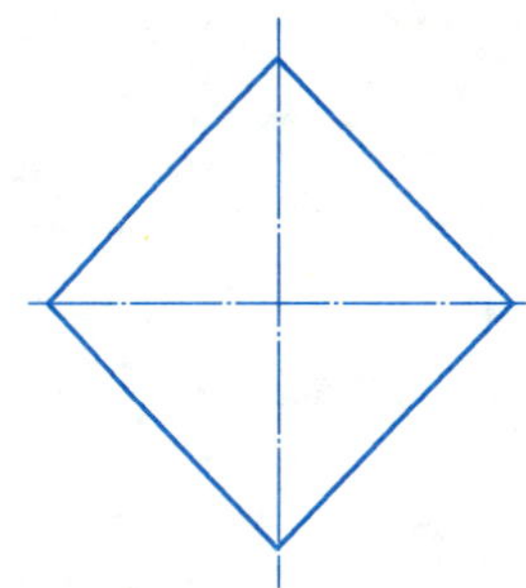

班级__________ 姓名__________ 学号__________ 日期__________

任务 3.4 两回转体表面的交线——相贯线

1. 参照立体图和已知视图，补画出下列视图中的缺线。

(1)

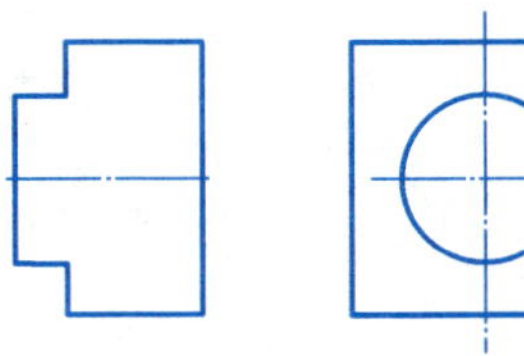

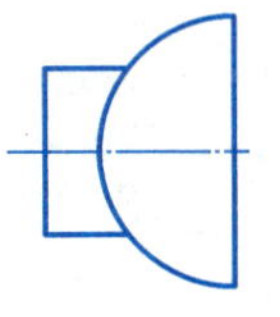

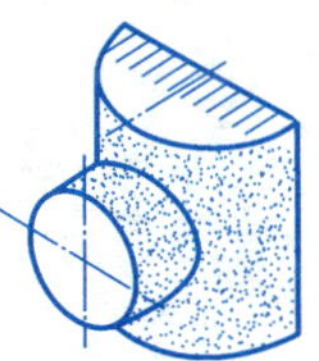

(2)

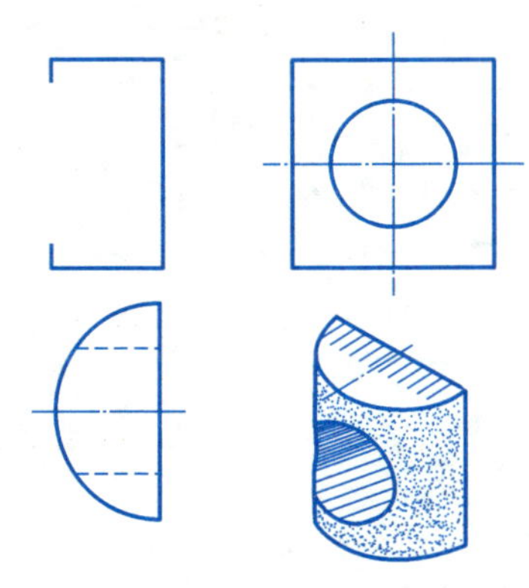

(3)

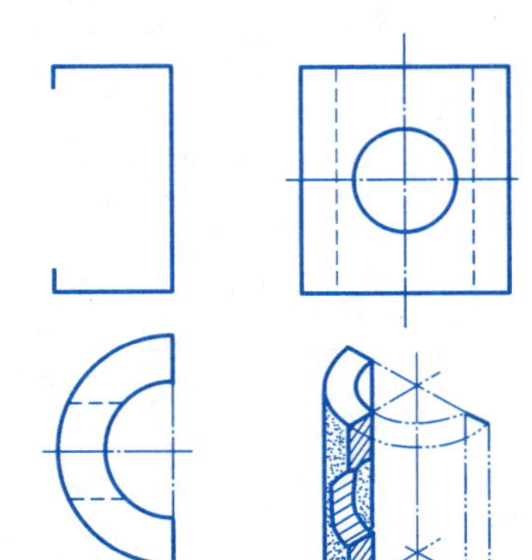

(4)

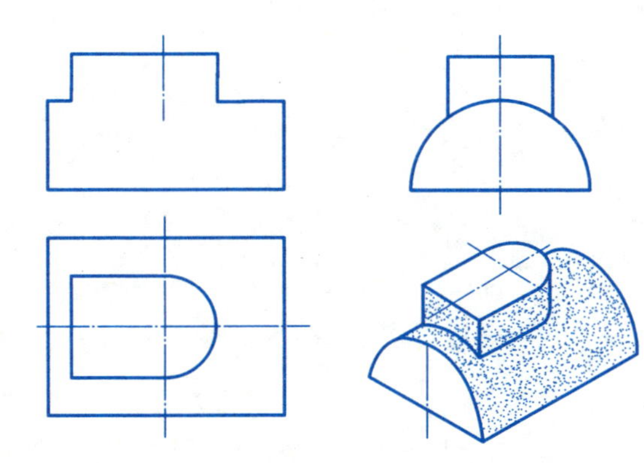

2.求作相贯线的投影。

(1)

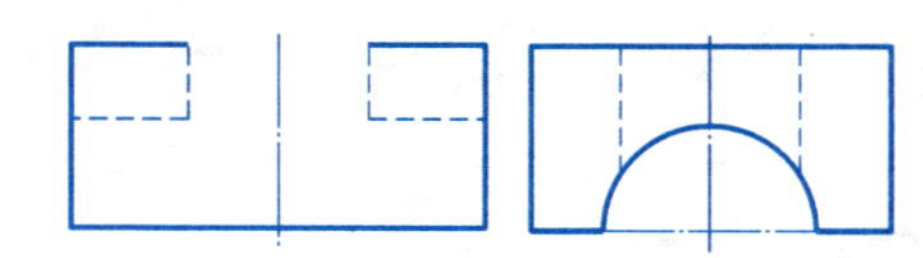

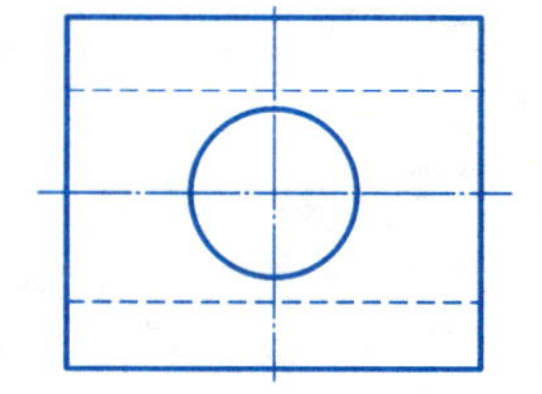

(2)

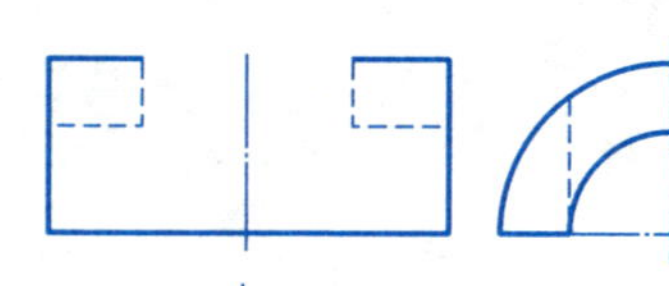

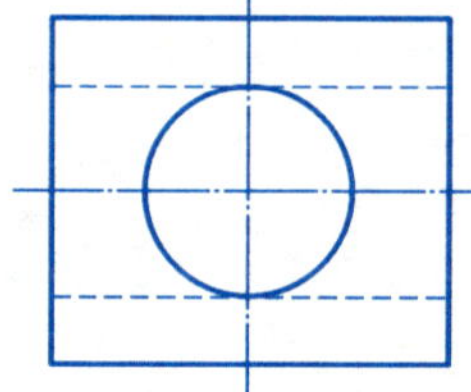

(3)

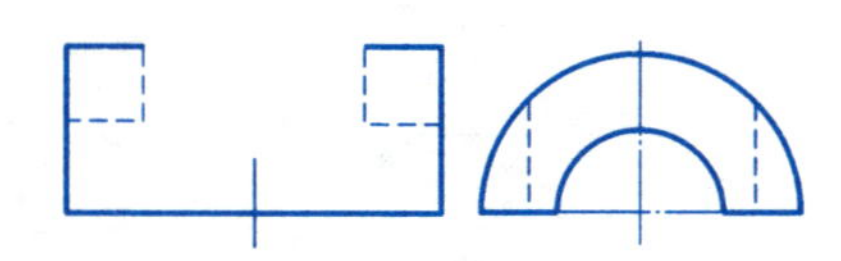

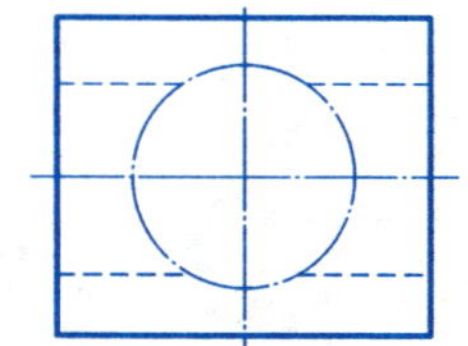

(4)

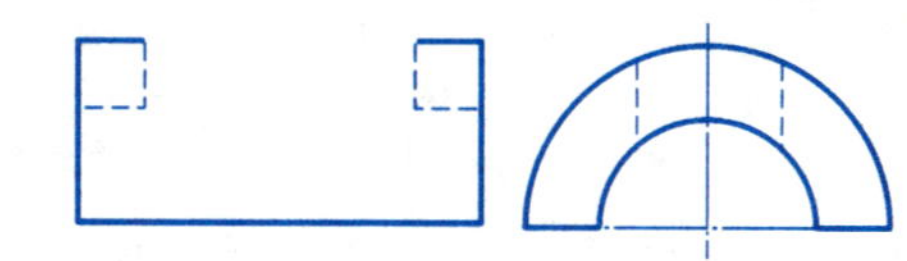

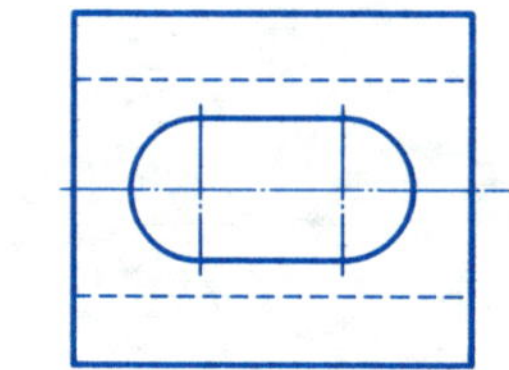

班级____________ 姓名____________ 学号____________ 日期____________

3. 分析相贯线的投影，并补画出主视图中所缺的图线。

(1)

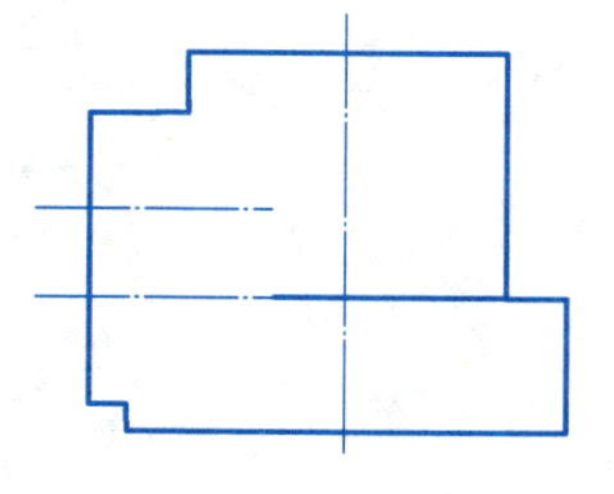

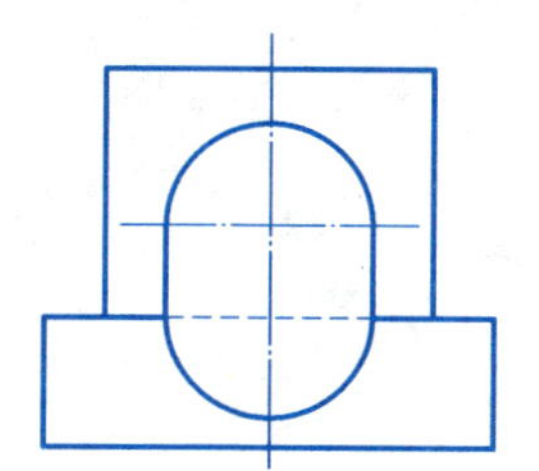

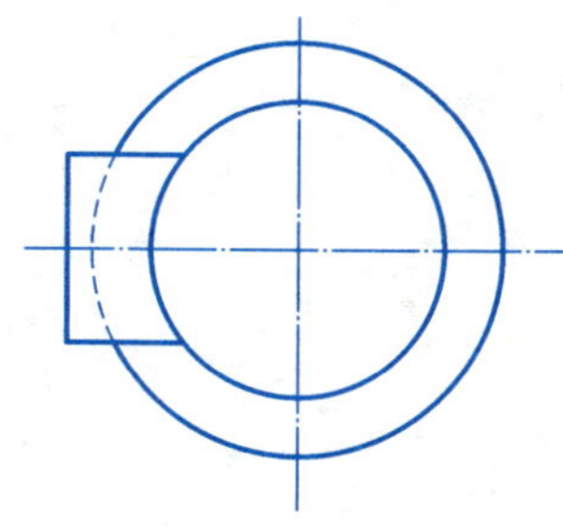

(2)

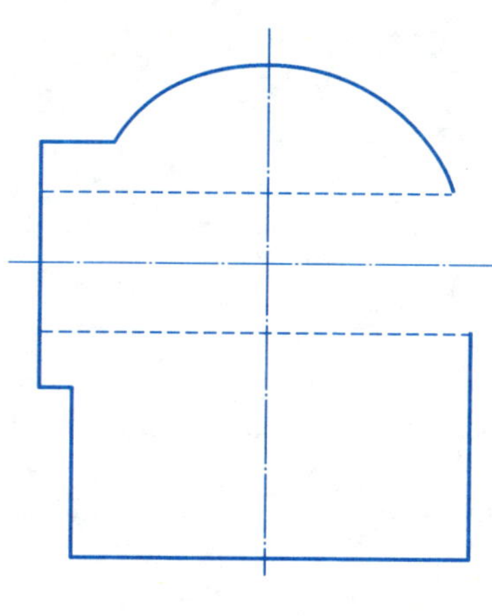

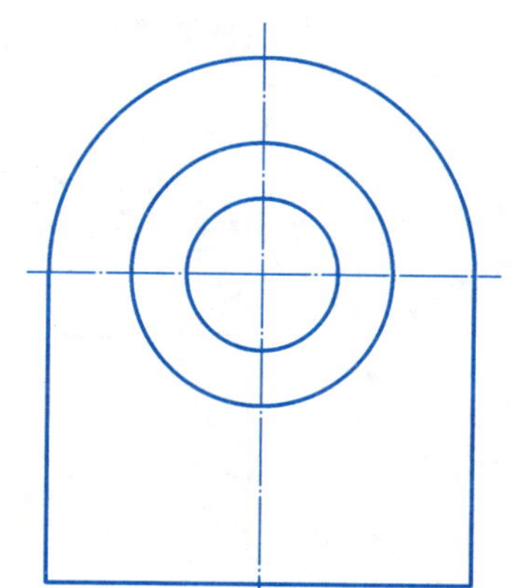

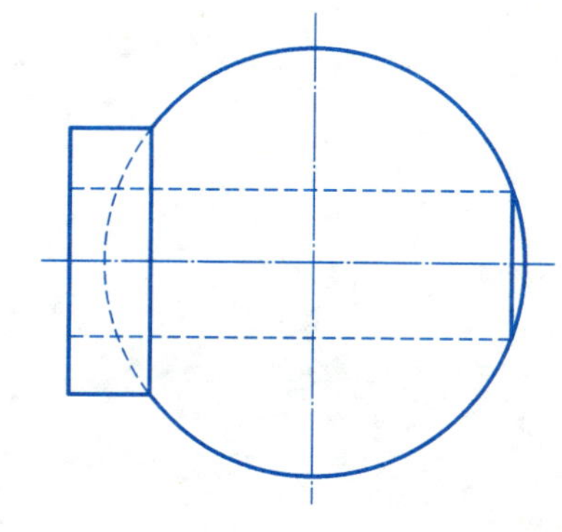

4. 求作圆柱与圆台的相贯线。

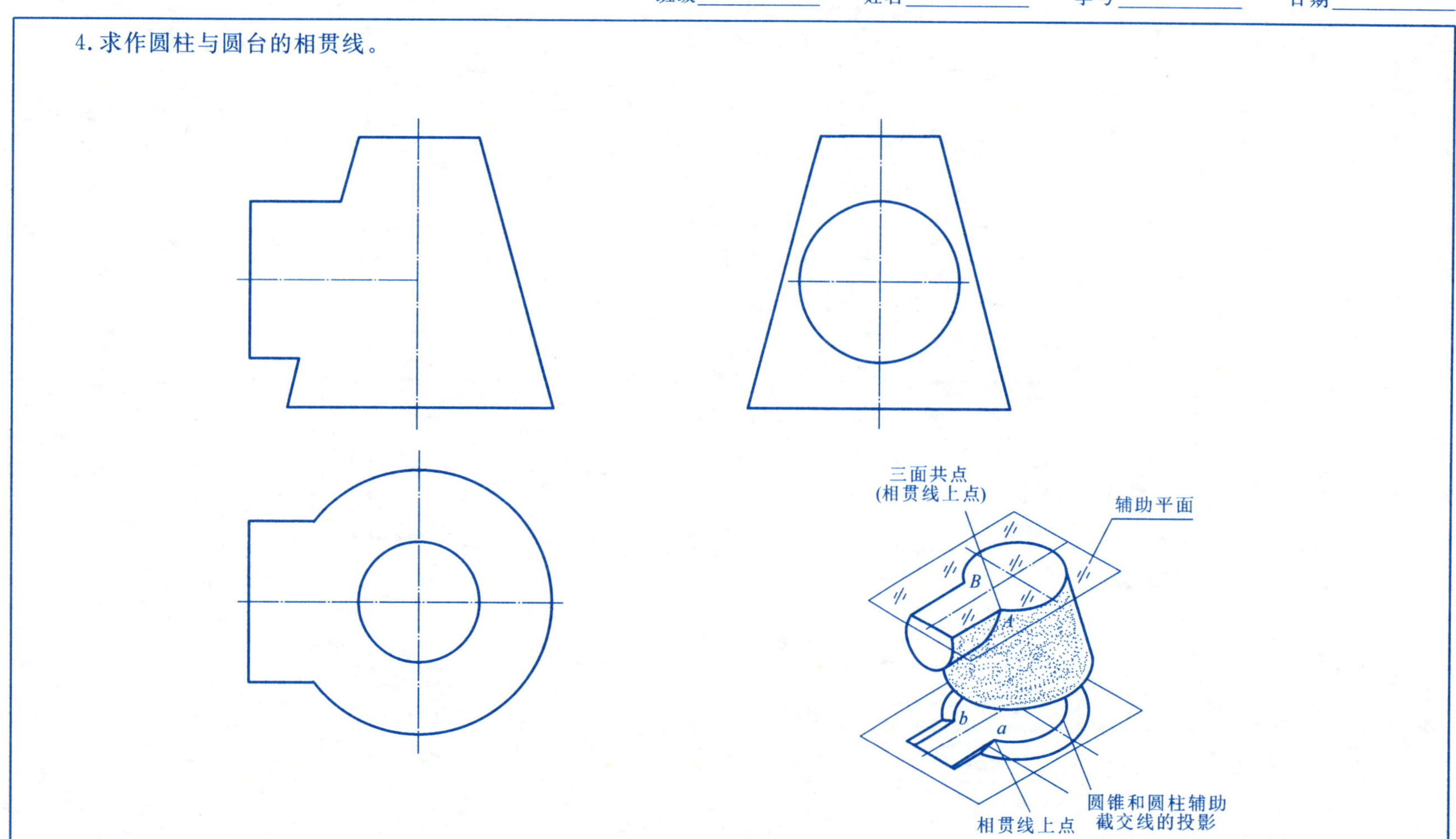

任务 4.1　轴测图的基本知识

已知三种棱柱体特征面的轴测投影，棱柱体厚度为 15 mm，完成其正等轴测图(Y_1、X_1、Z_1 分别为其厚度的轴测方向)。

(1)

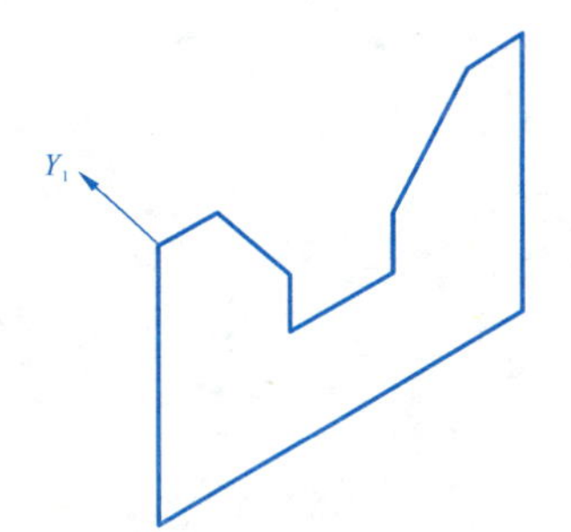

(2)

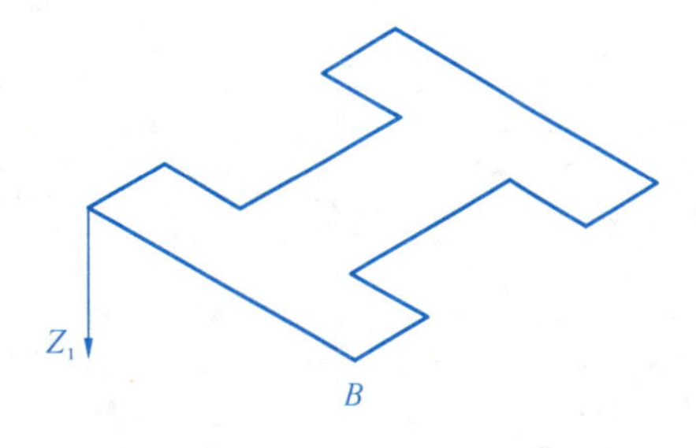

(3)

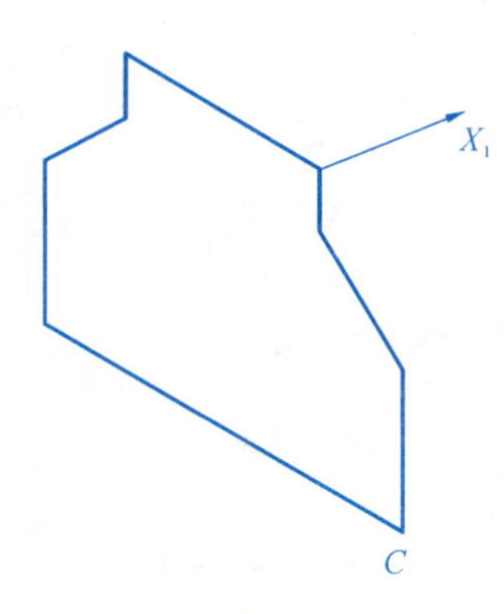

班级__________ 姓名__________ 学号__________ 日期__________

任务 4.2 正等轴测图的画法

1. 根据主、俯视图，用方箱切割法画正等轴测图。

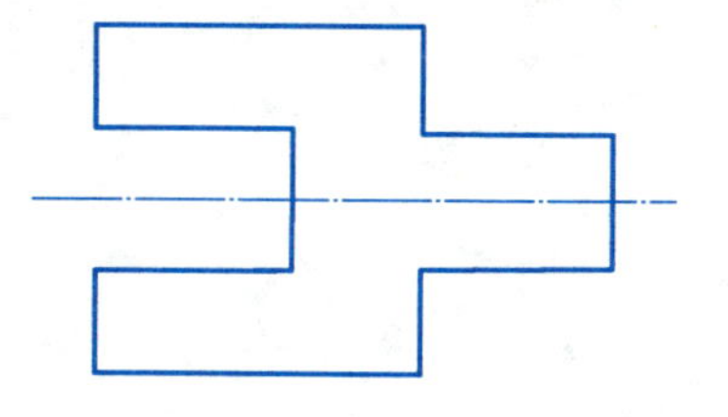

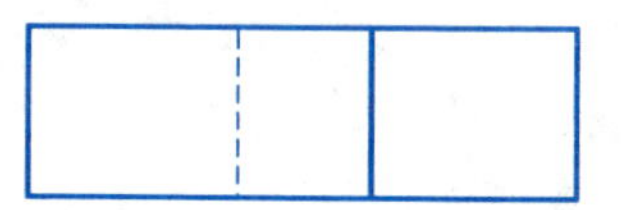

2. 根据主、左视图，用坐标法画正等轴测图。

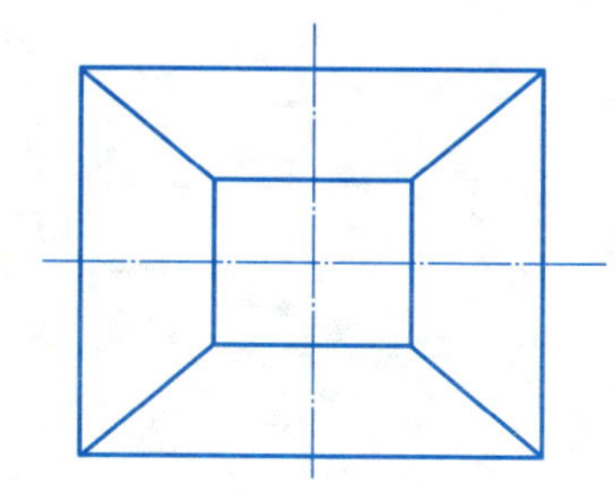

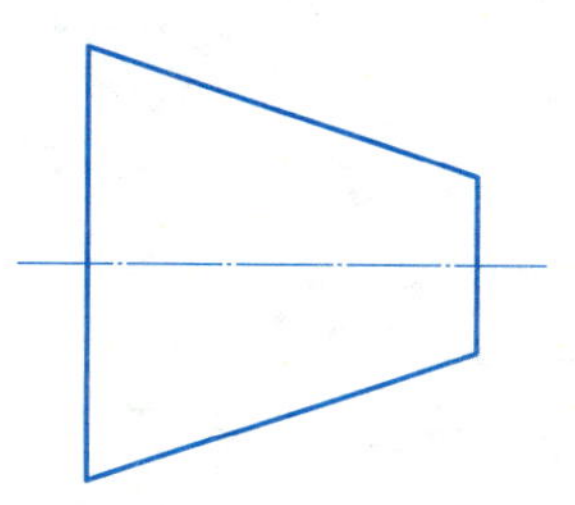

3. 根据两视图画正等轴测图。

(1)

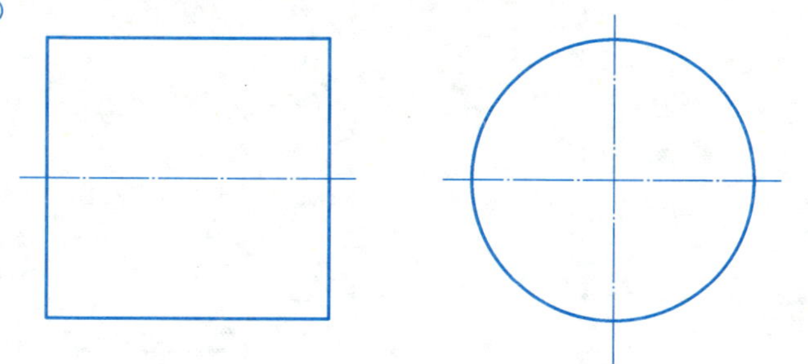

(2)

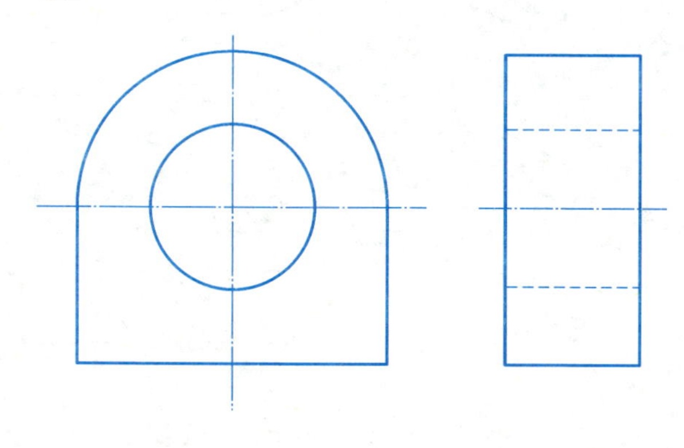

(3)

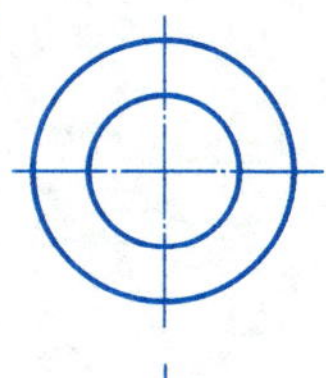

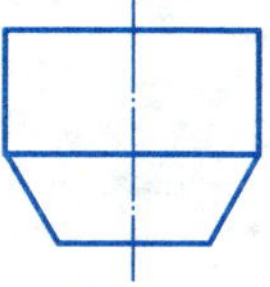

(4) 圆柱立在四棱柱的正中位置。

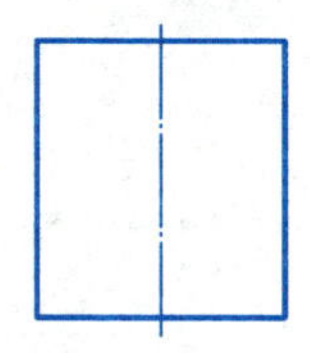

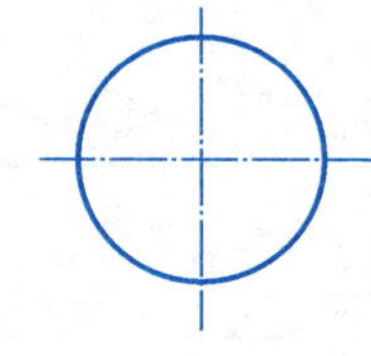

任务 4.3 斜二等轴测图的画法

1. 根据两视图画斜二轴测图。

(1)

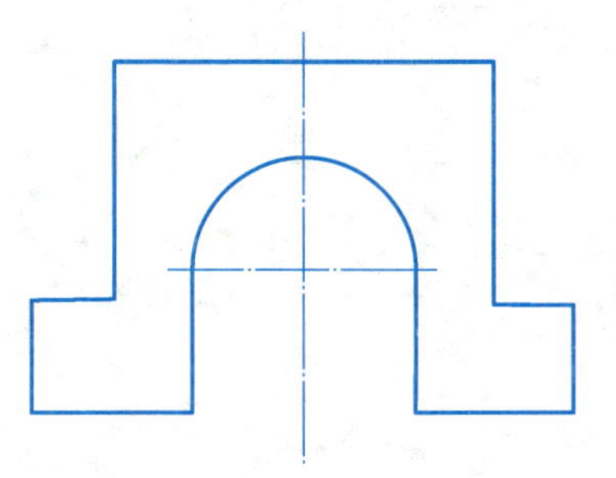

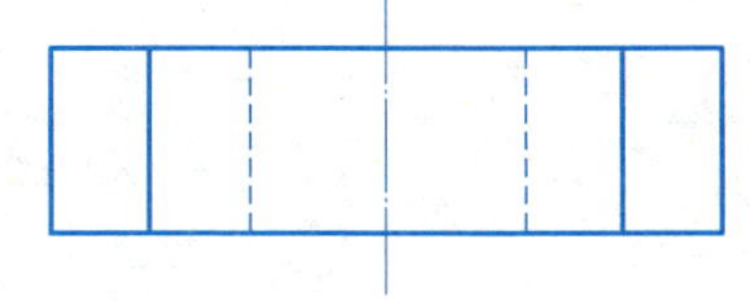

(2)

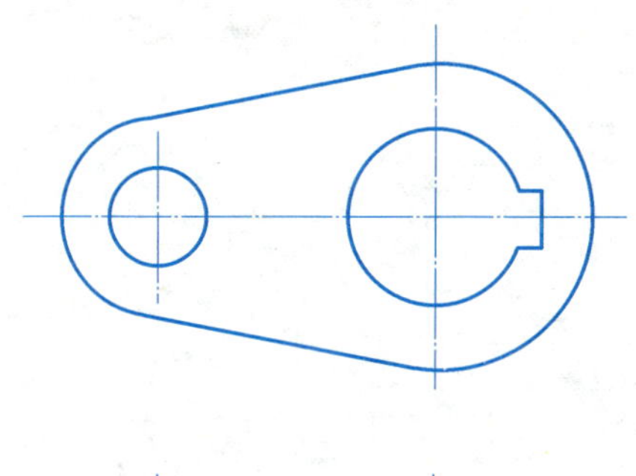

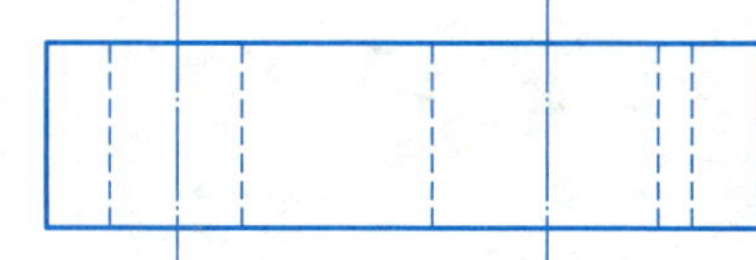

2. 画出下列物体的第三面投影，并在右下角画出其斜二轴测图(斜二轴测图的大小与原视图一样)。

(1)

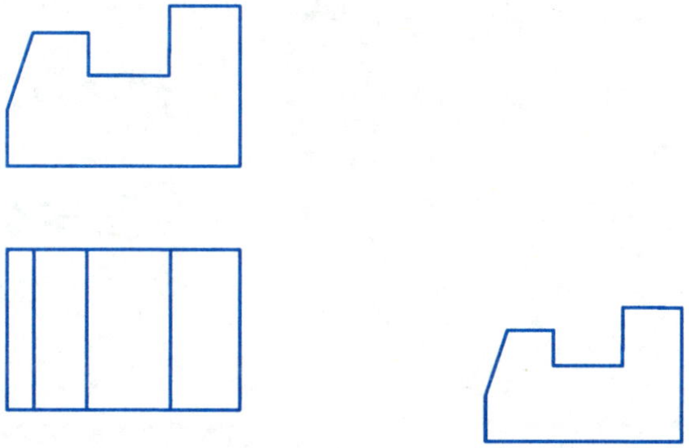

(2)

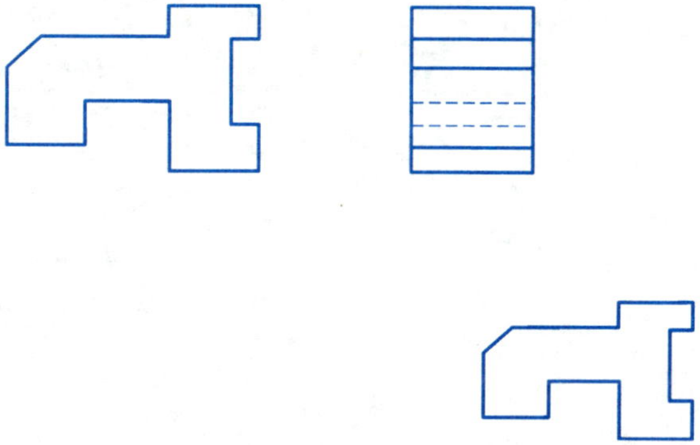

班级__________ 姓名__________ 学号__________ 日期__________

(3)

(4)

任务 5.1 组合体的组成方式

根据轴测图补全视图中所缺的图线。

(1)

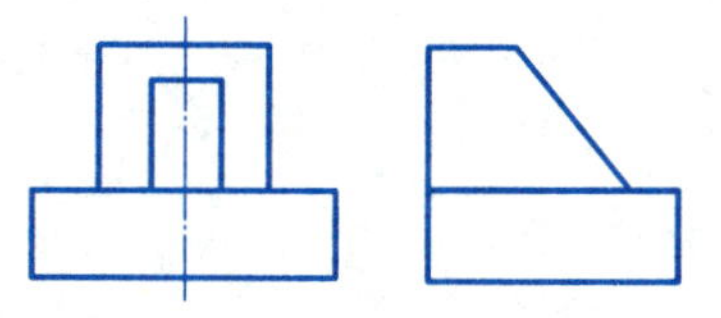

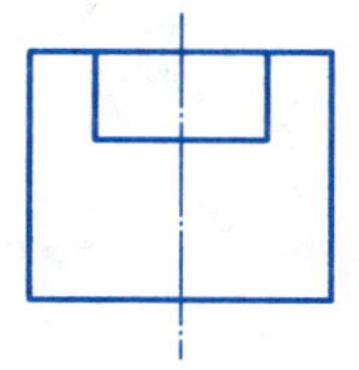

(2)

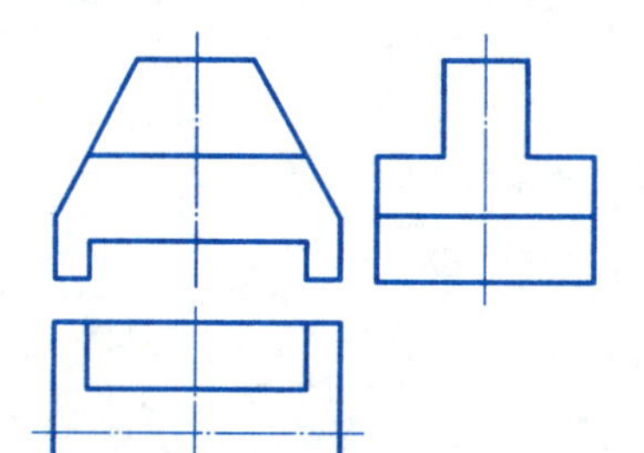

(3)

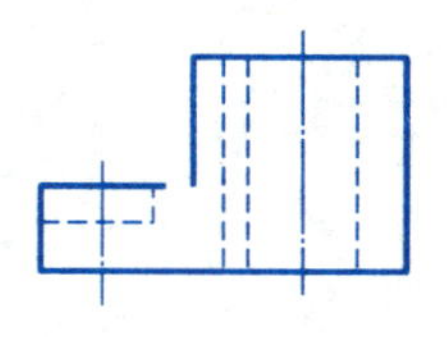

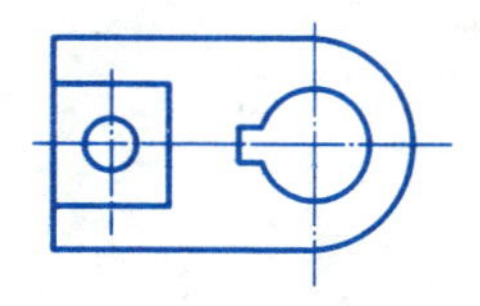

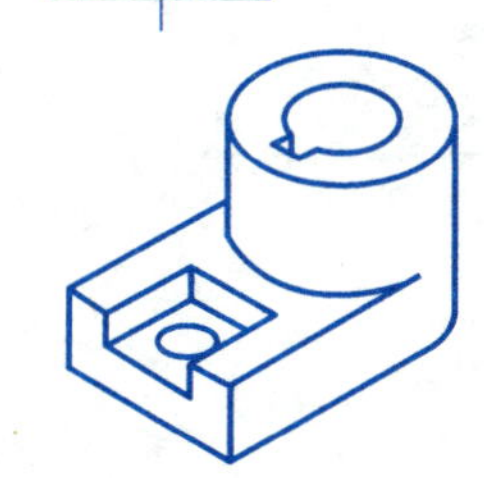

(4)

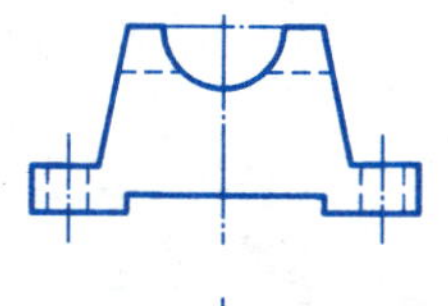

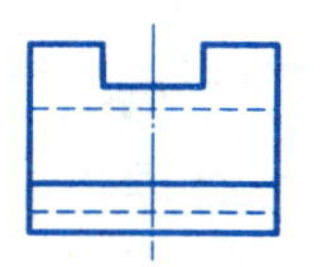

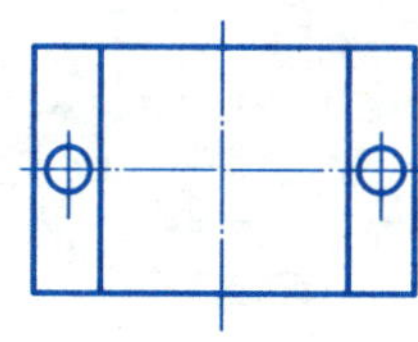

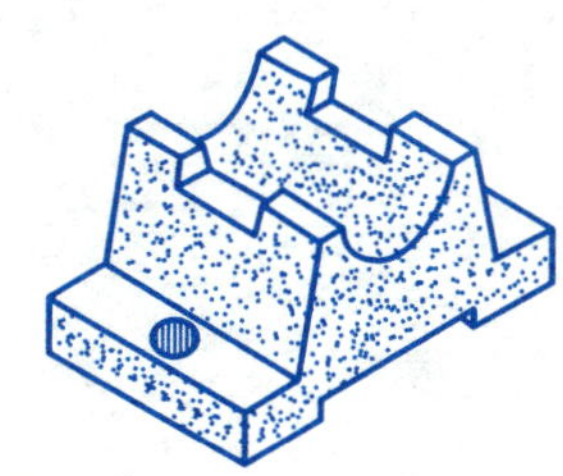

任务 5.2 组合体三视图的画法

1. 根据轴测图以 1∶1 比例画出组合体的三视图。

(1)

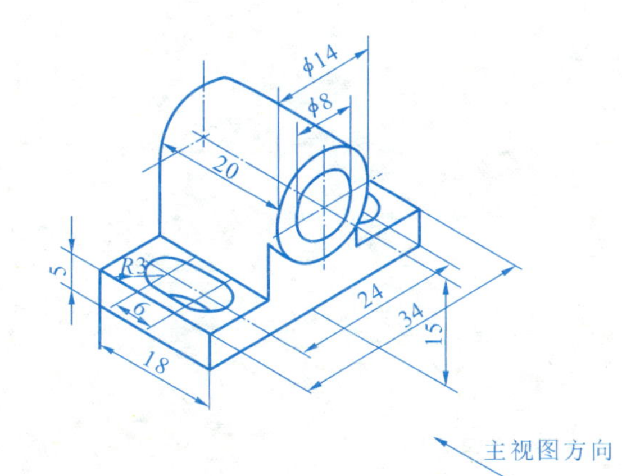

(2)

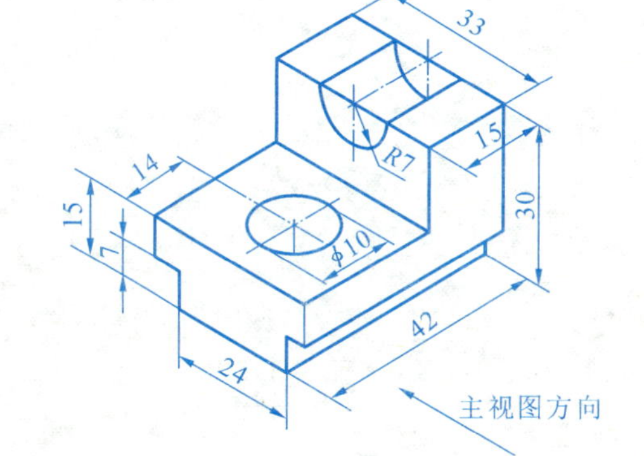

2. 用形体分析法，根据组合体的两视图补画第三视图。

(1)

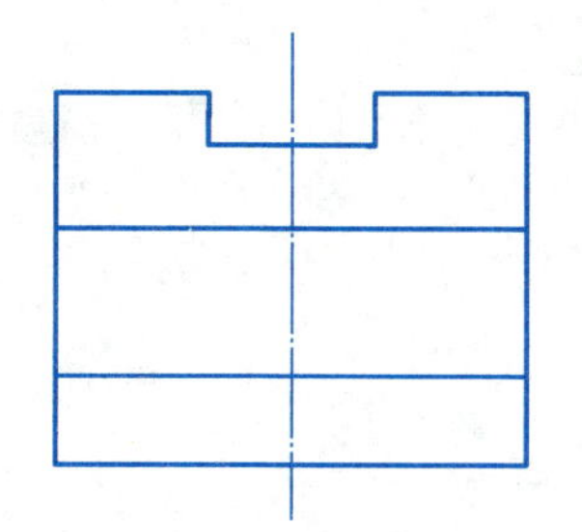

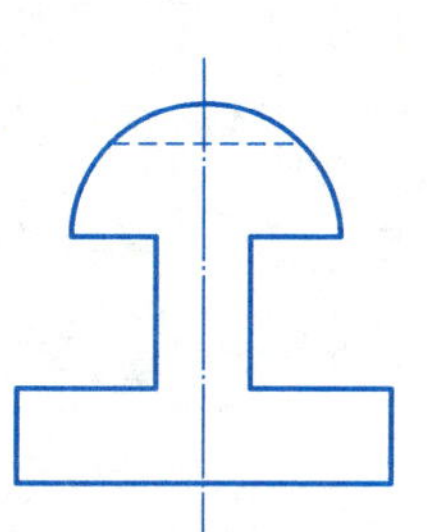

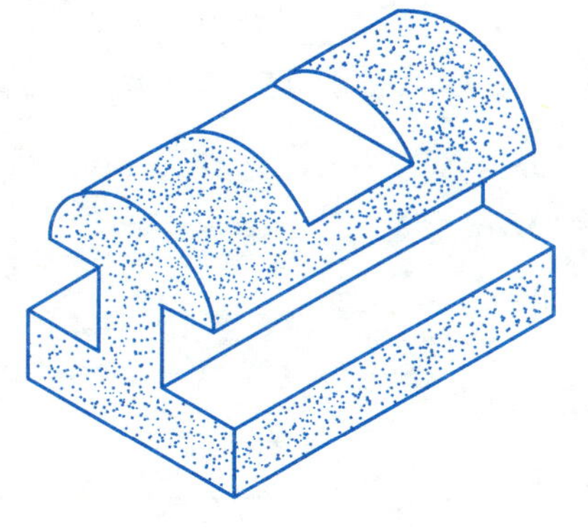

(2)

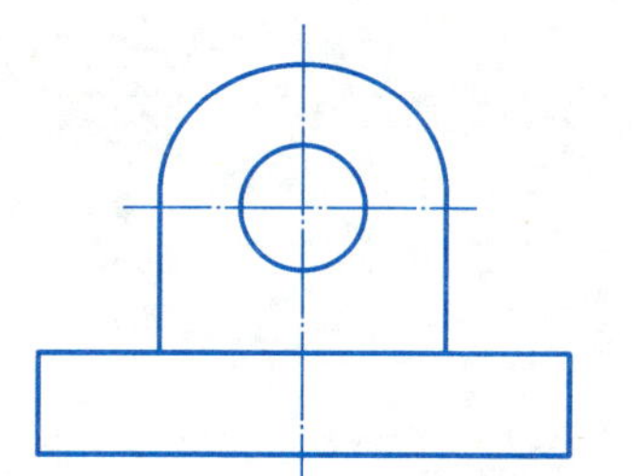

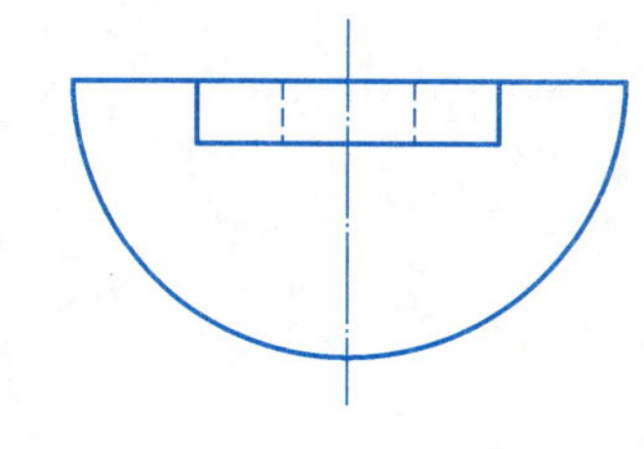

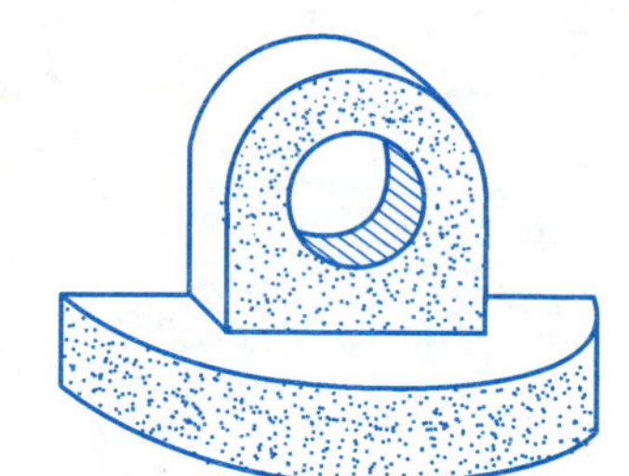

任务 5.3 组合体的尺寸标注

1. 判断视图中尺寸标注上的错误(在错误的尺寸处打“×”)并补全正确的尺寸标注。

(1)

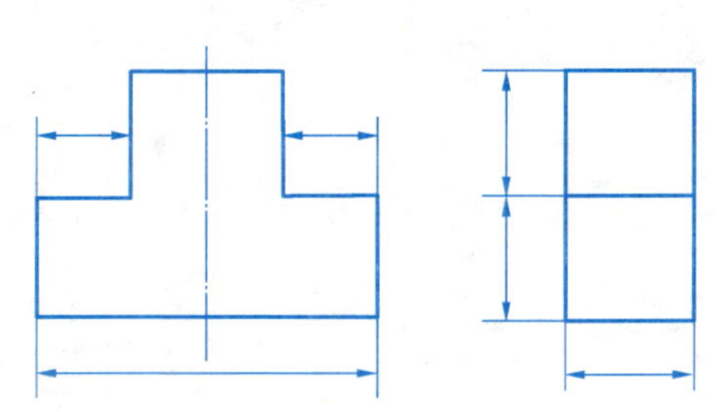

(2)

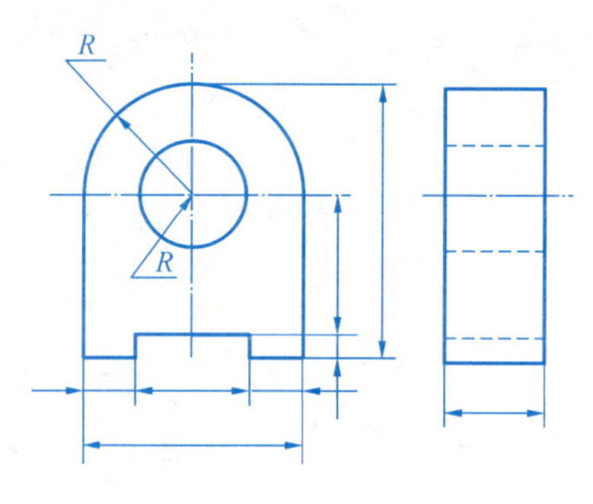

(3)

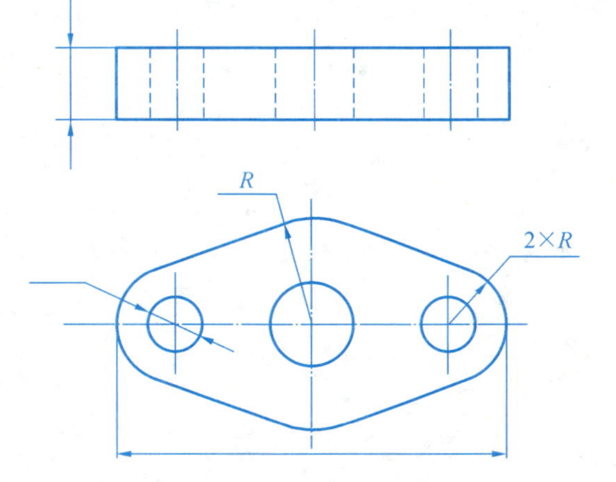

(4)

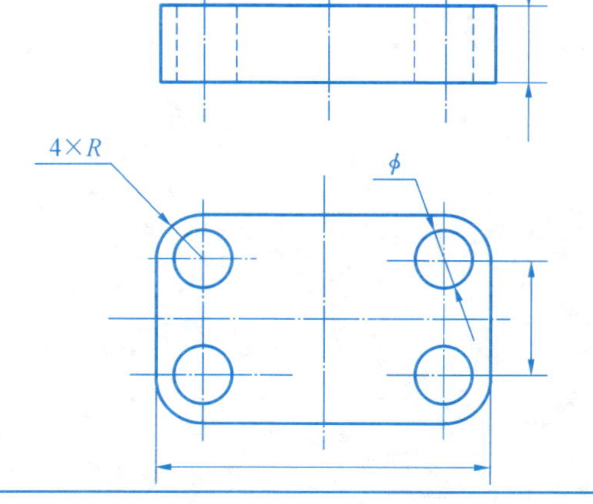

班级__________ 姓名__________ 学号__________ 日期__________

(5)

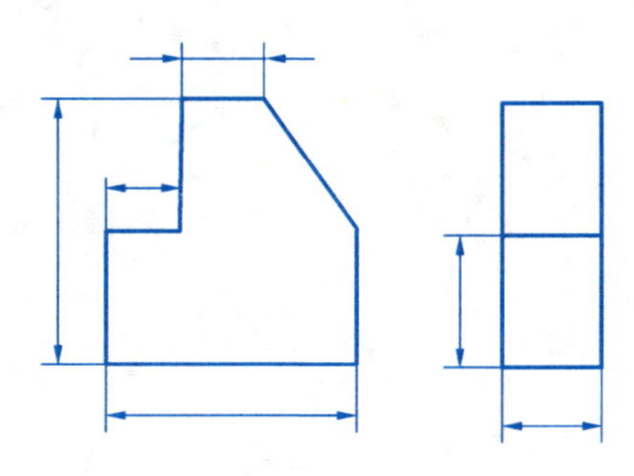

(6)

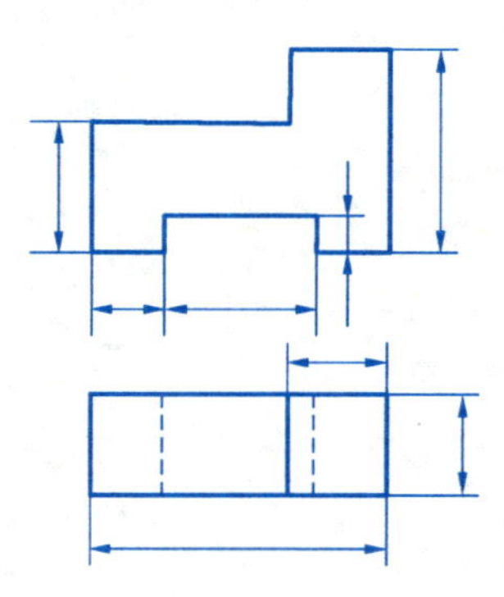

2.看懂视图，标注尺寸，尺寸大小从图上量取，取整数。

(1)

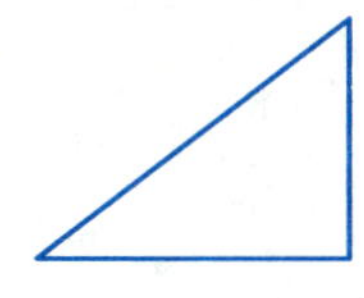

(2)

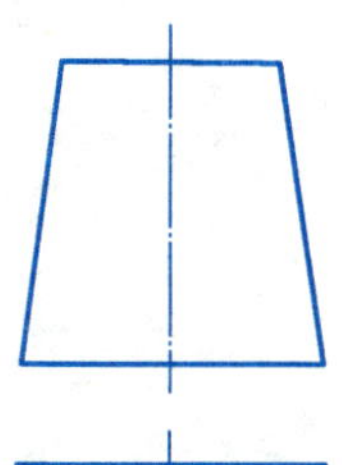

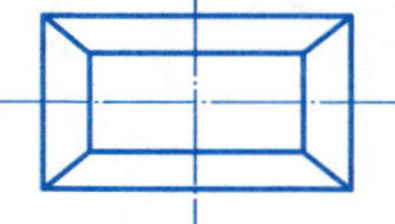

(3)

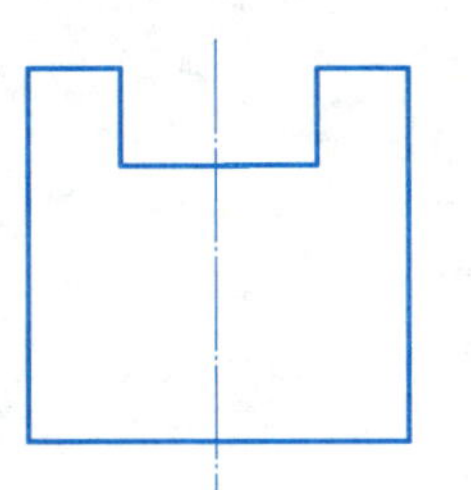

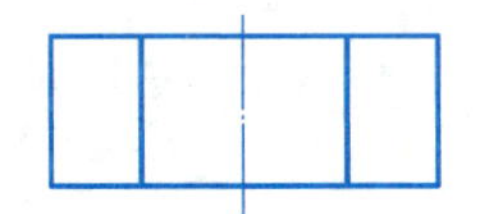

(4)

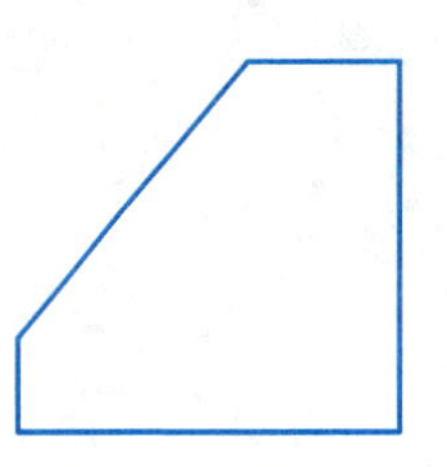

(5)

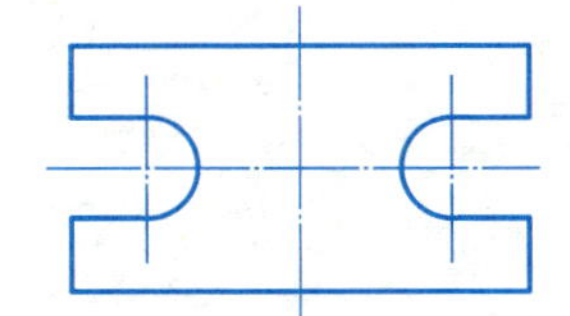

(6)

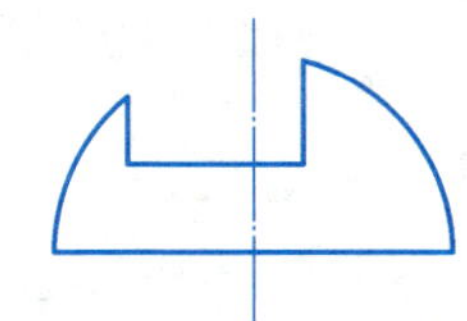

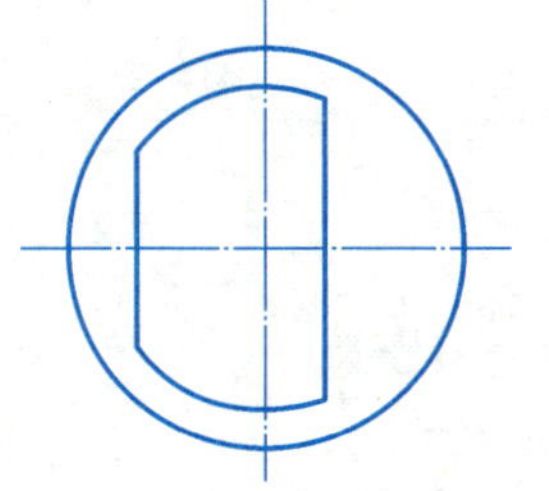

3. 指出视图中重复或多余的尺寸(打“×”),并标注遗漏的尺寸(不标注尺寸数字)。

(1)

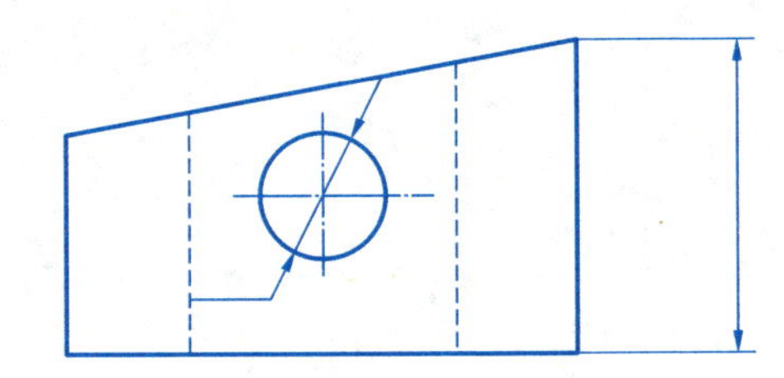

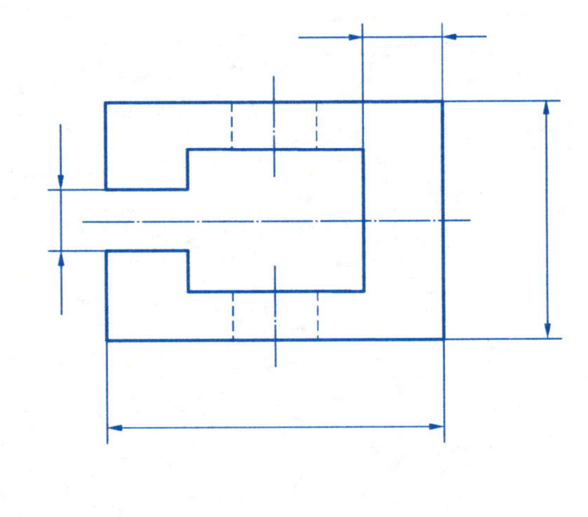

(2)

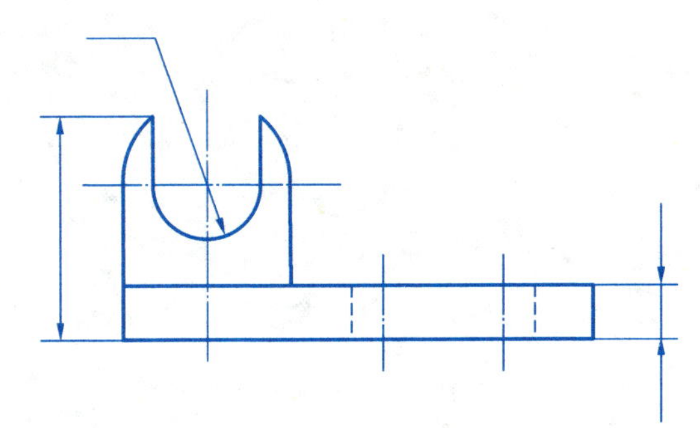

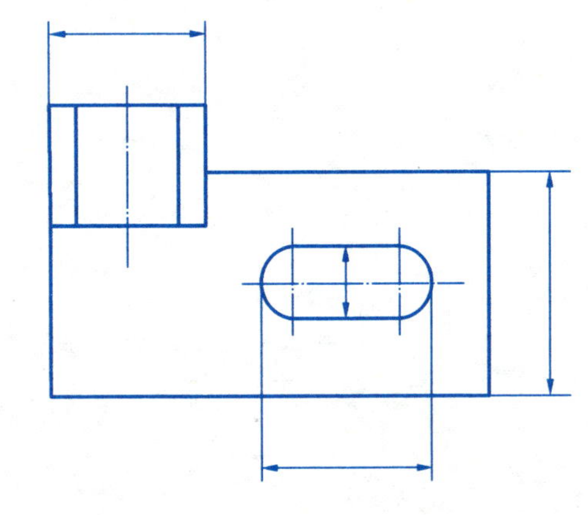

(3)

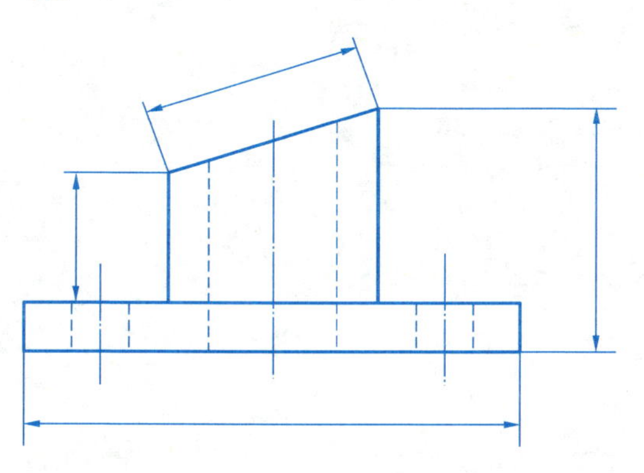

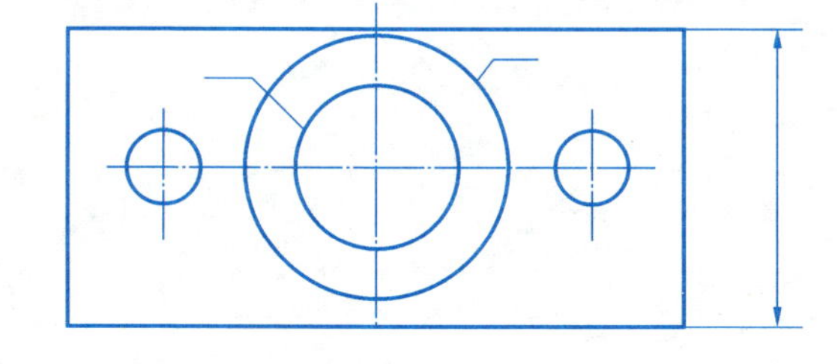

(4)

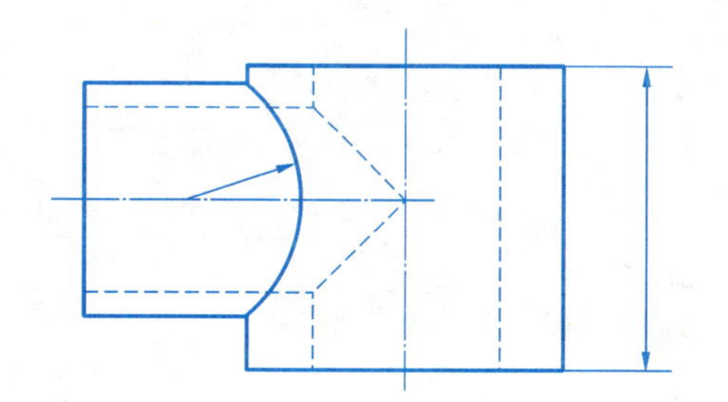

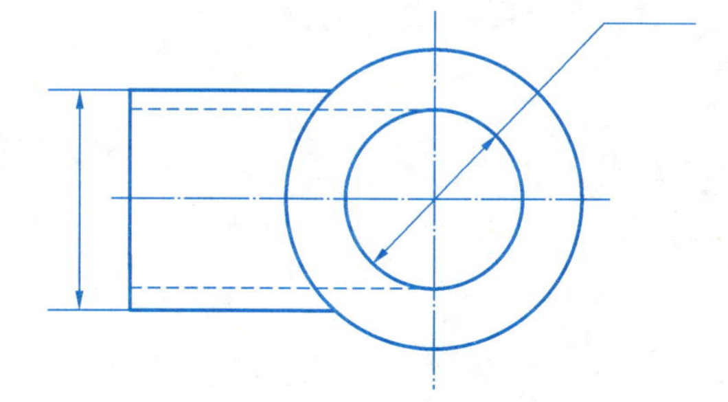

班级＿＿＿＿＿＿　姓名＿＿＿＿＿＿　学号＿＿＿＿＿＿　日期＿＿＿＿＿＿

4.看懂组合体的视图，用形体分析法标注尺寸，尺寸数字从图上量取，取整数。

(1)

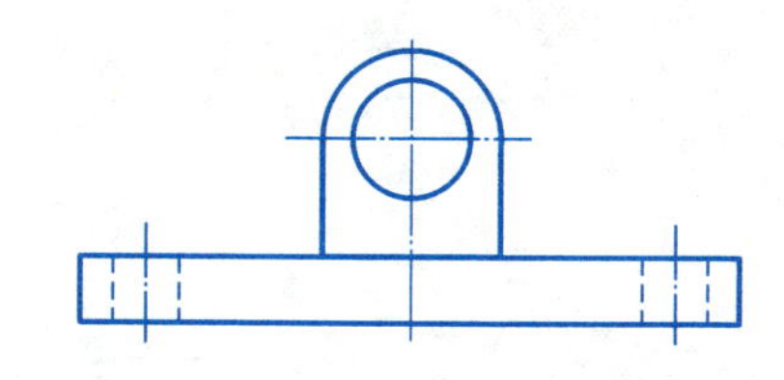

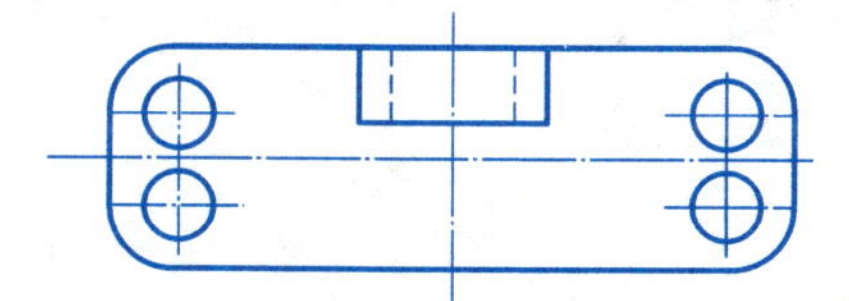

(2)

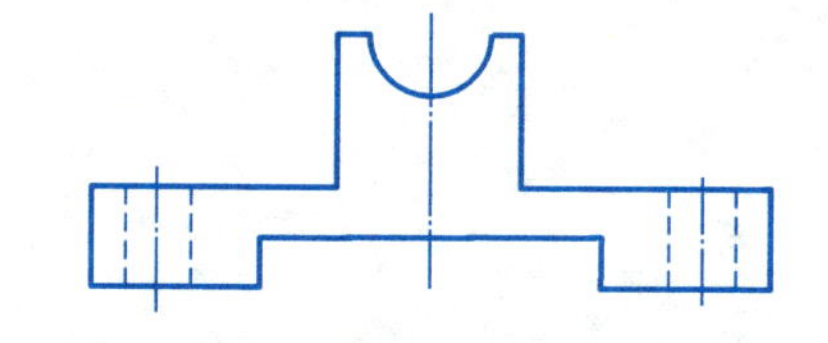

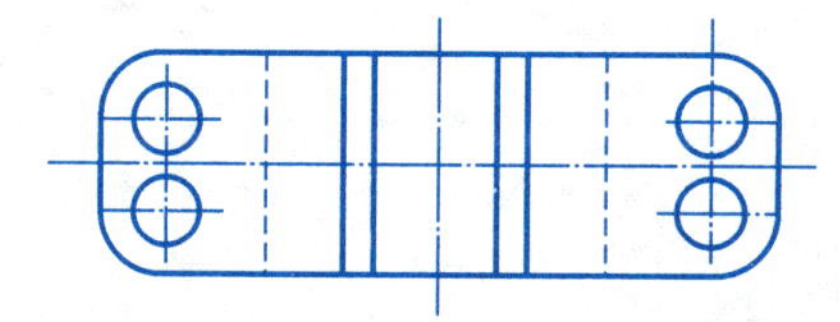

(3)

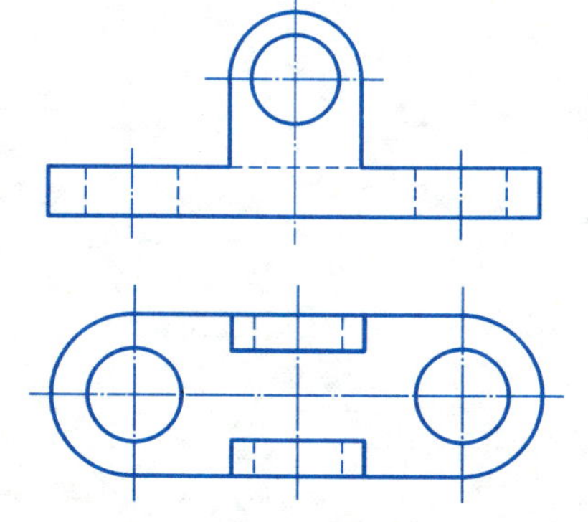

(4)

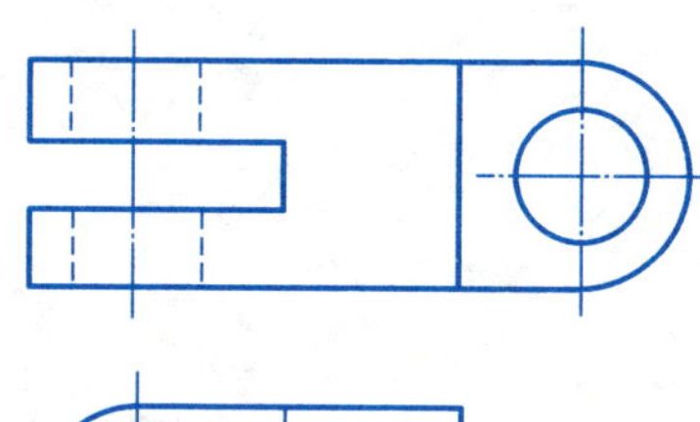

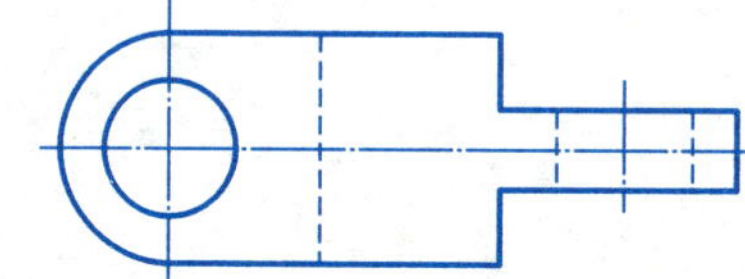

5.看懂组合体的三视图，用形体分析法标注尺寸，尺寸数字从图上量取，取整数。

(1)

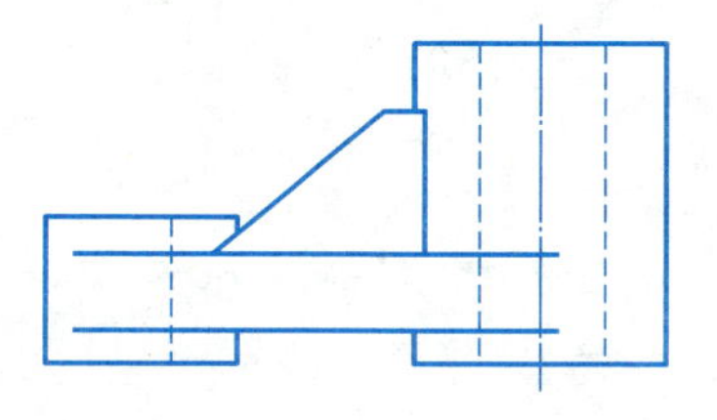

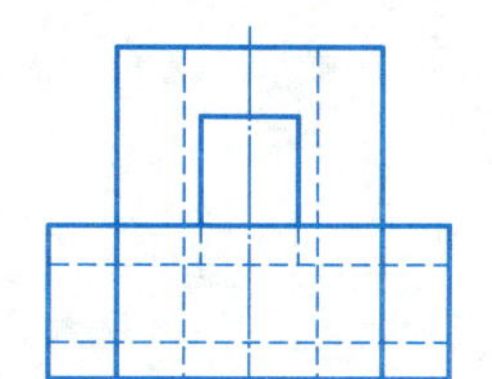

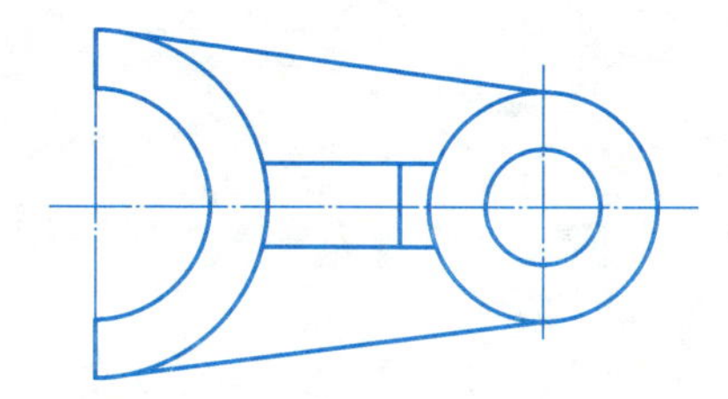

(2)

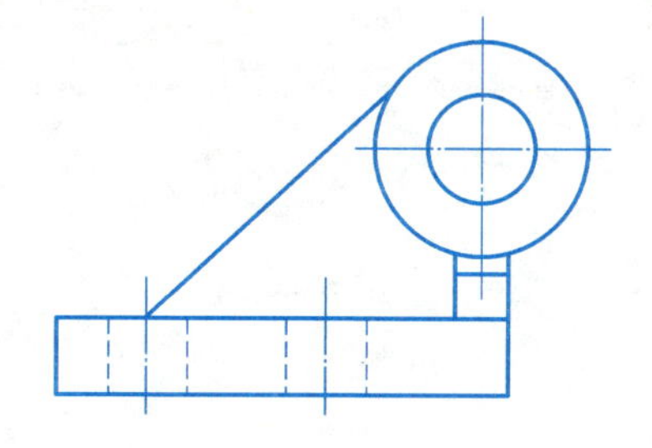

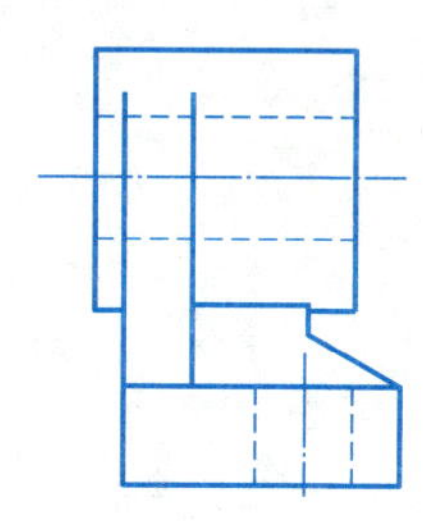

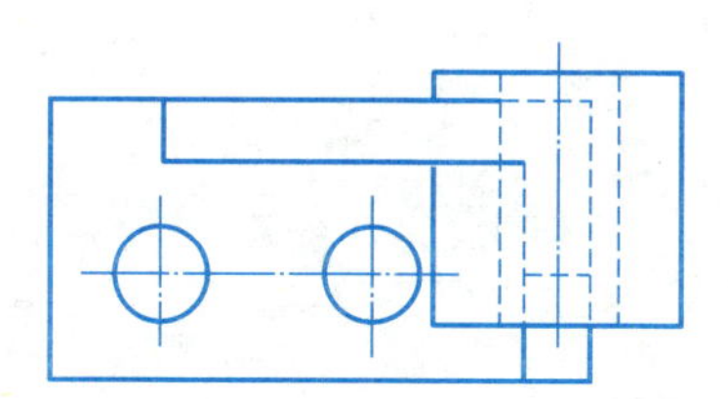

任务 5.4　读组合体的视图

1. 根据立体图对照三视图，分析物体的组合方式，补画出视图中所缺的图线。

(1)

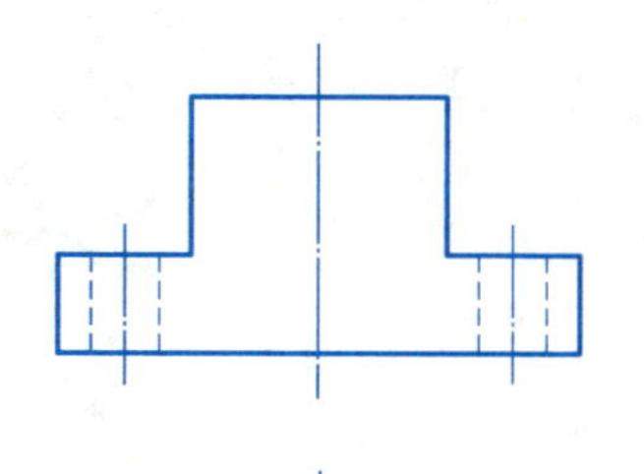

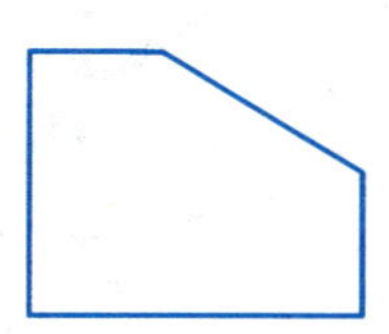

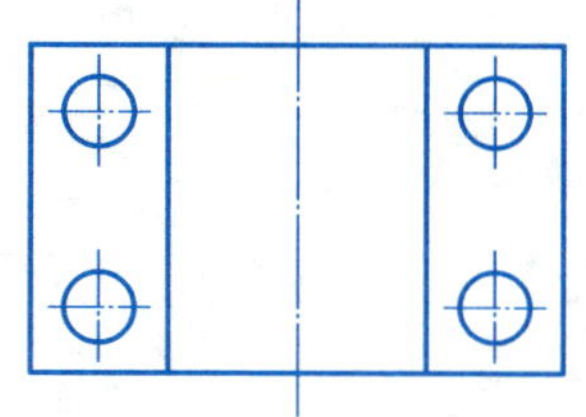

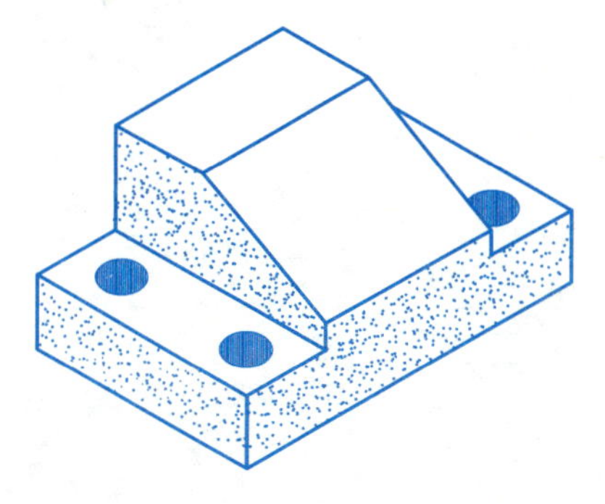

(2)

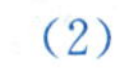

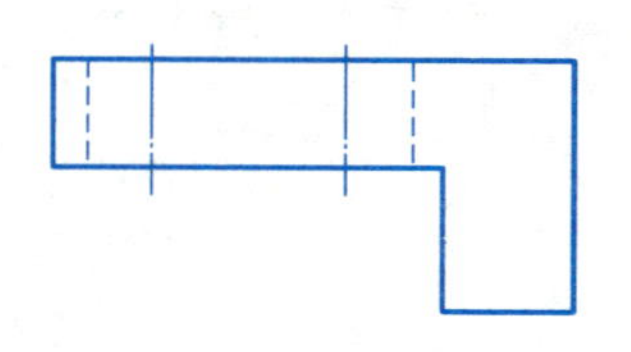

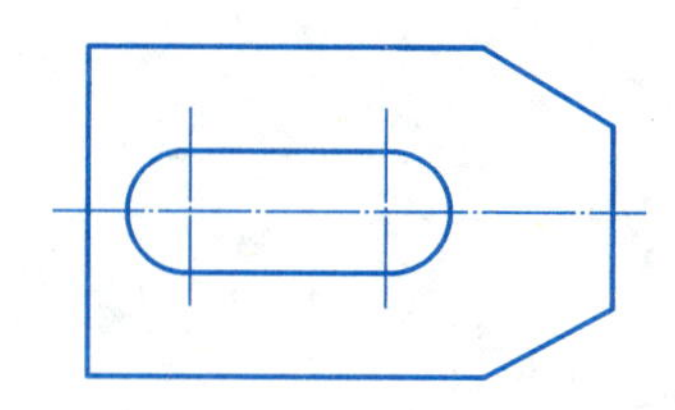

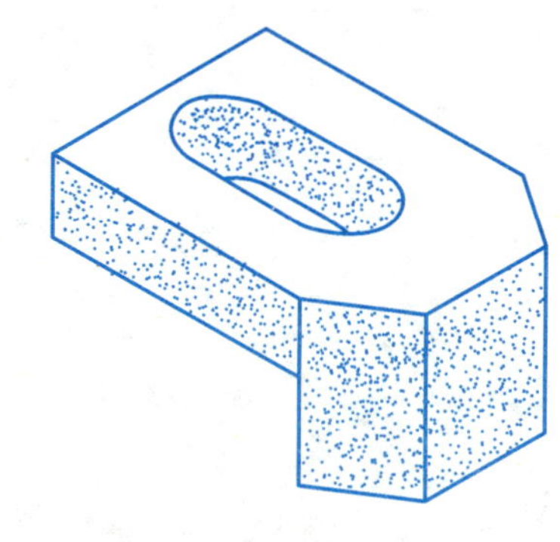

2. 根据立体图对照三视图，分析物体的组合方式，补画出视图中所缺的图线。

(1)

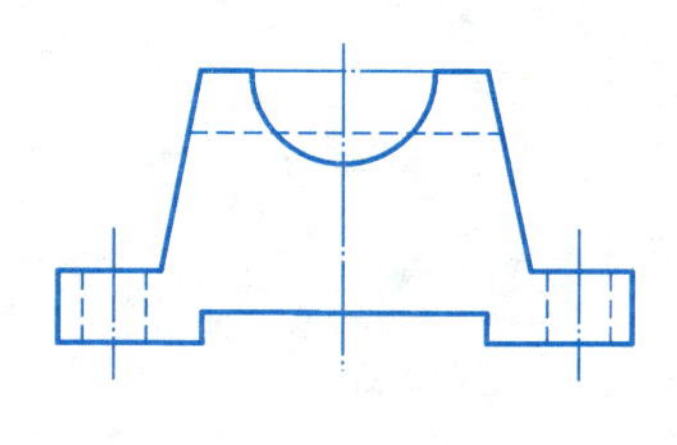

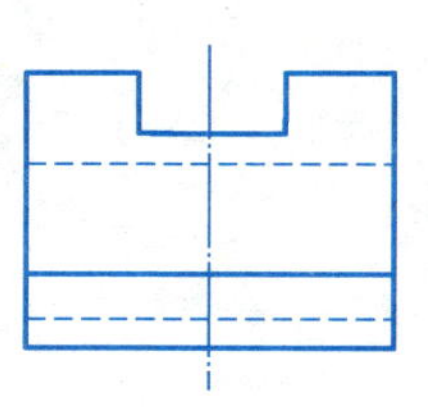

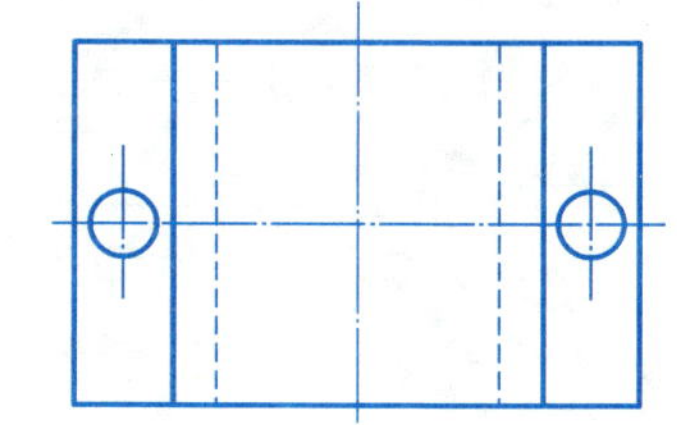

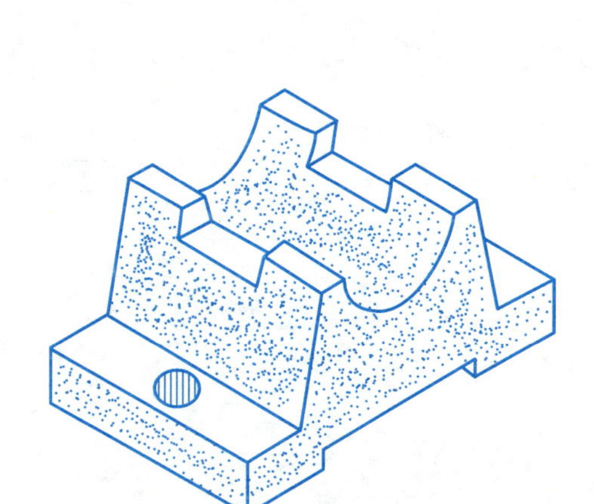

(2)

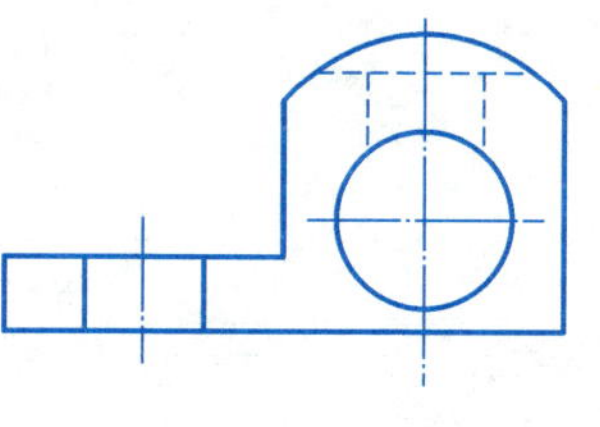

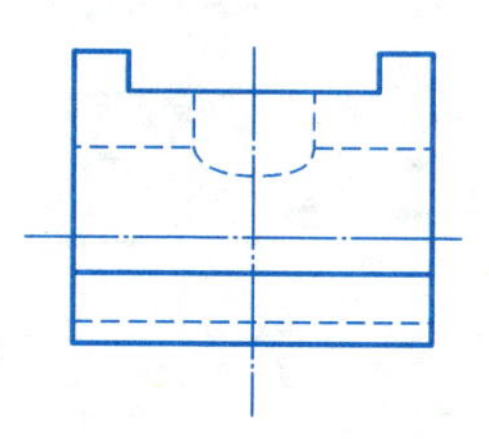

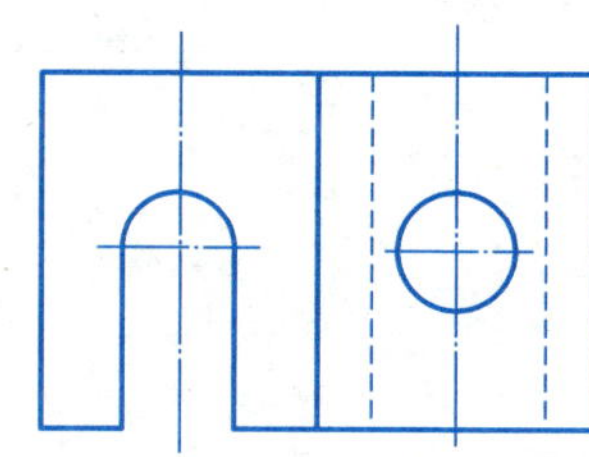

班级____________ 姓名____________ 学号____________ 日期____________

3.看懂三视图,补全视图中所缺的图线。

(1)

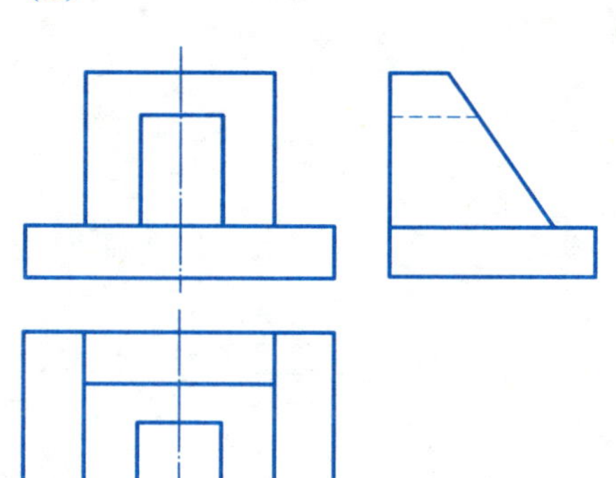

(2)

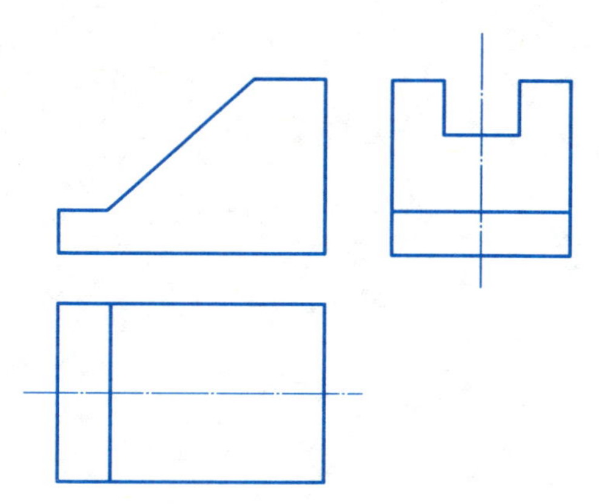

4.分析视图,想象出形体的样子,用线面分析法补画第三视图。

(1)

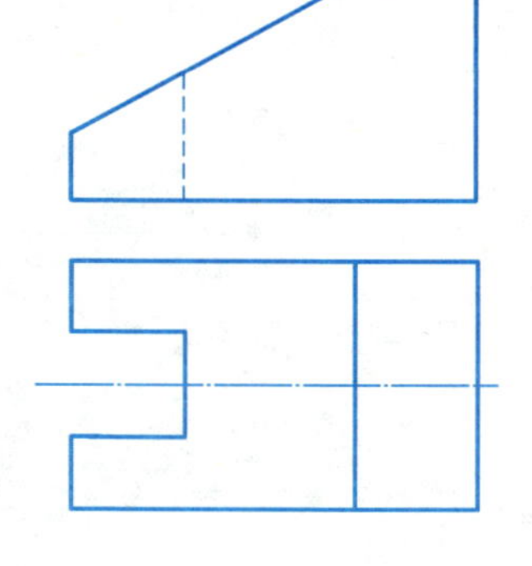

(2)

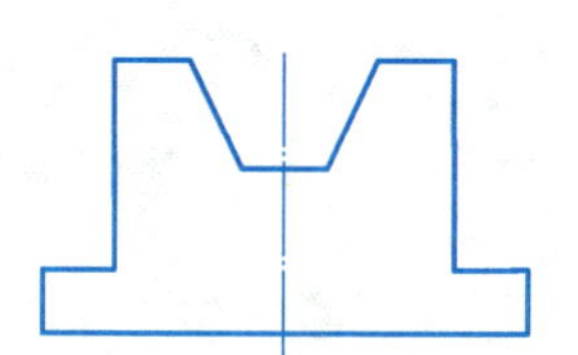

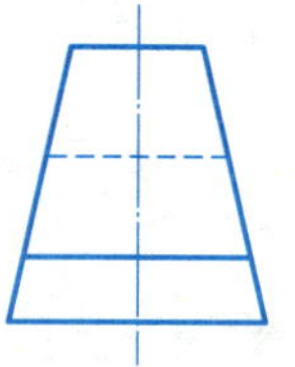

班级__________ 姓名__________ 学号__________ 日期__________

5. 看懂两视图，补画出第三视图。

(1)

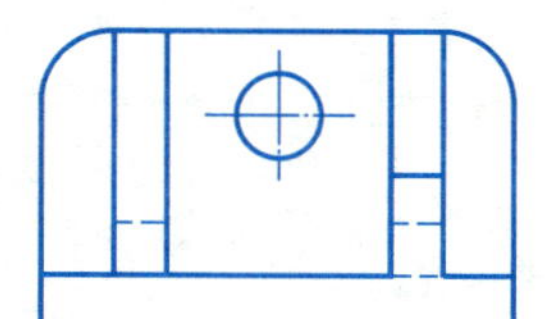

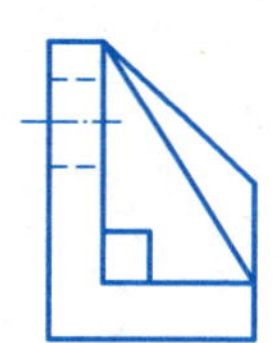

(2)

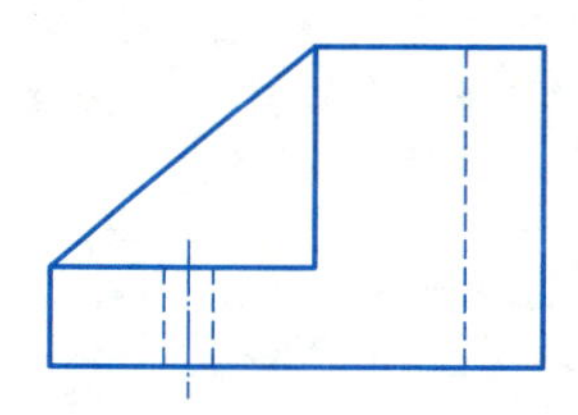

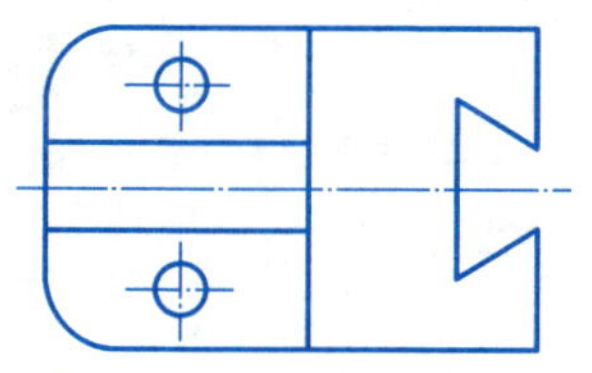

6.绘图大作业，根据轴测图画组合体的三视图，并标注尺寸。

（1）作业目的。

① 初步掌握由轴测图画组合体三视图的方法，提高画图技能。

② 练习组合体的尺寸标注。

（2）内容要求。

① 根据组合体进行形体分析。

② 将 A3 或 A4 图纸横放，画图题目由教师指定。

③ 自己确定画图比例。

（3）作图步骤。

① 对组合体进行形体分析。

② 确定主视图的投射方向。

③ 布置视图位置，画底稿。

④ 检查底稿，描深。

⑤ 标注尺寸，填写标题栏。

（4）注意事项。

① 布置视图时要注意留有标注尺寸的位置。

② 要按步骤标注三类尺寸，标注要清晰。

③ 用标准字体标注尺寸数字、填写标题栏。

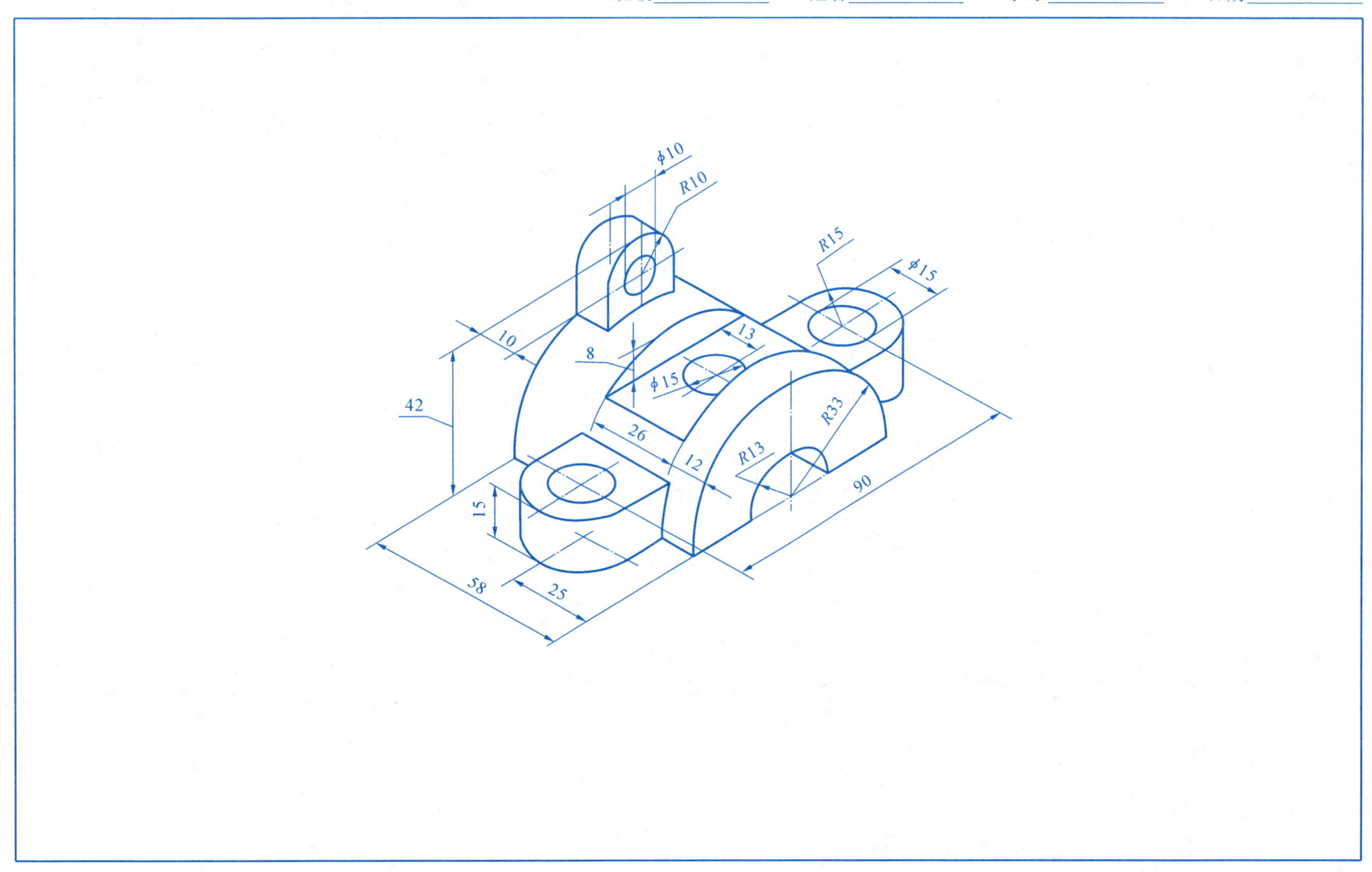

ϕ10
R10
R15
ϕ15
10
13
8
42
ϕ15
26
12
R33
R13
15
90
58
25

班级__________ 姓名__________ 学号__________ 日期__________

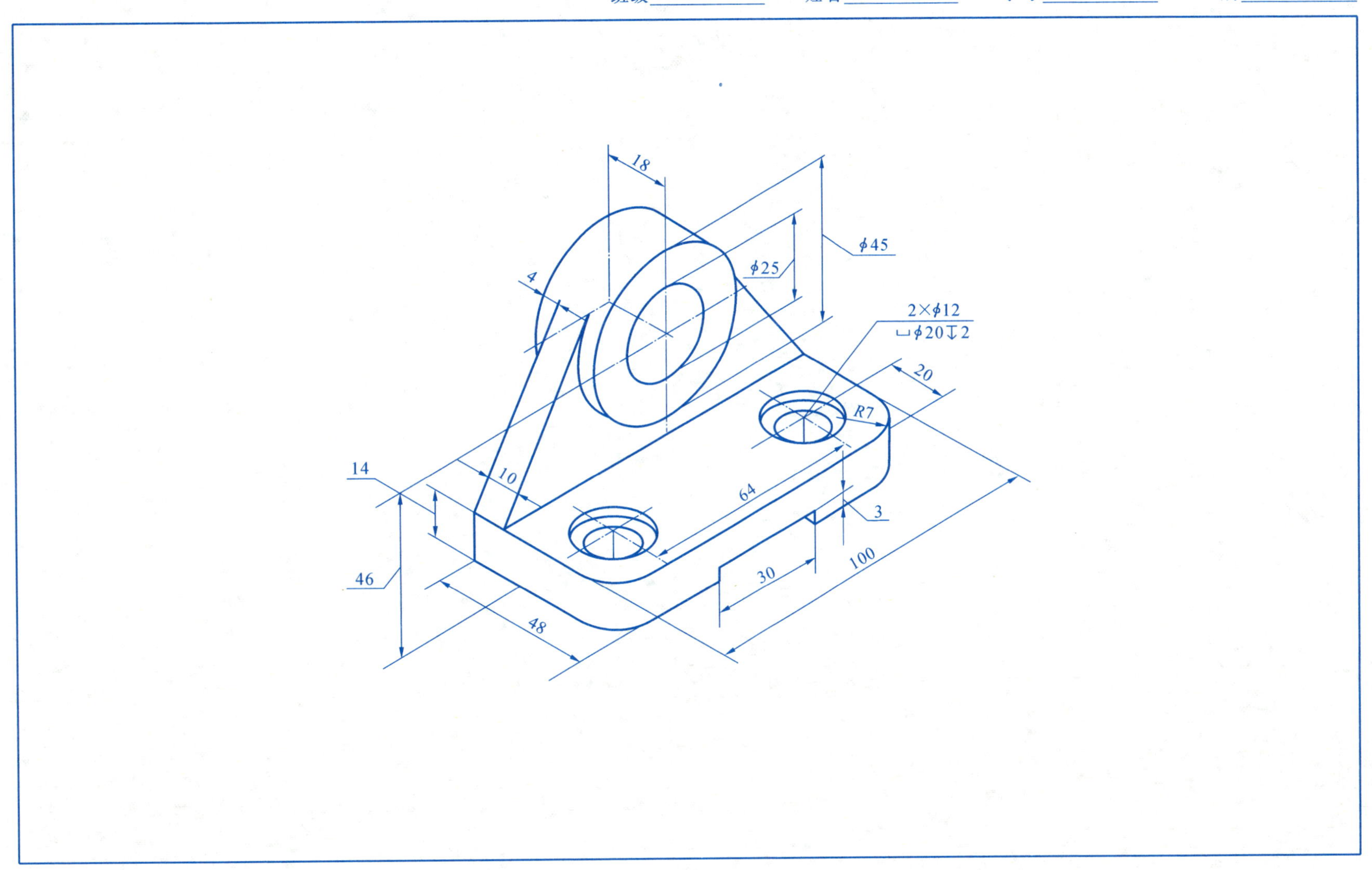

任务 6.1　视图

1. 根据主、俯、左三视图，补画右、后、仰三视图。

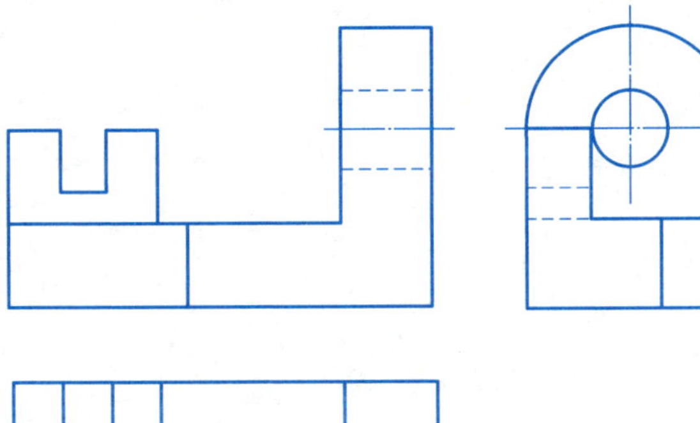

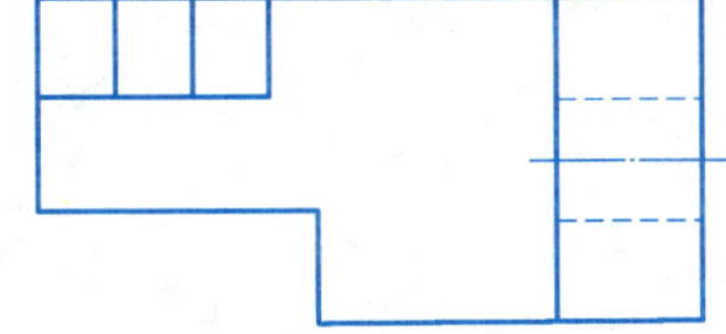

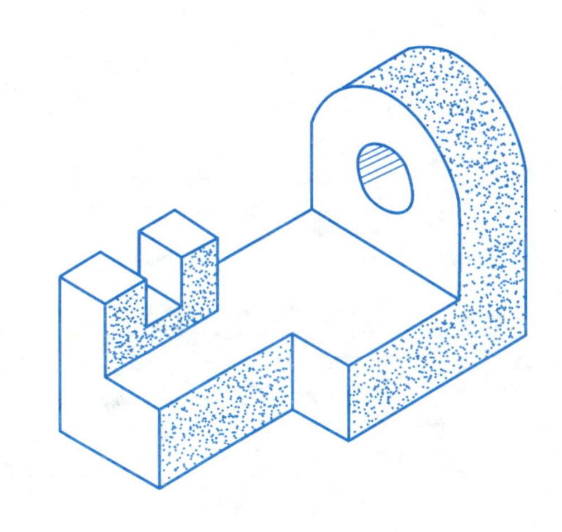

2. 画出机件板底的“A”局部视图。

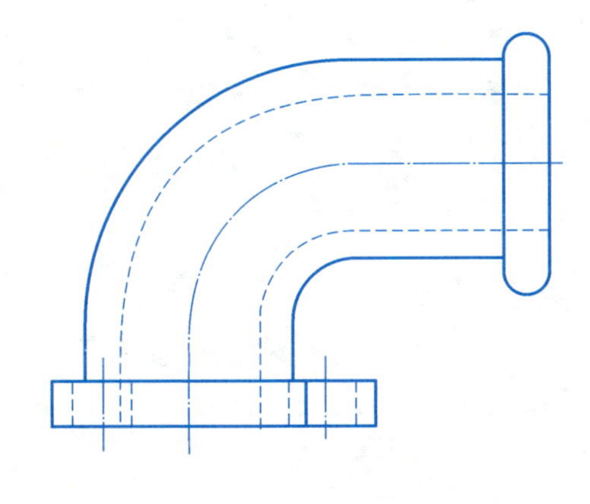

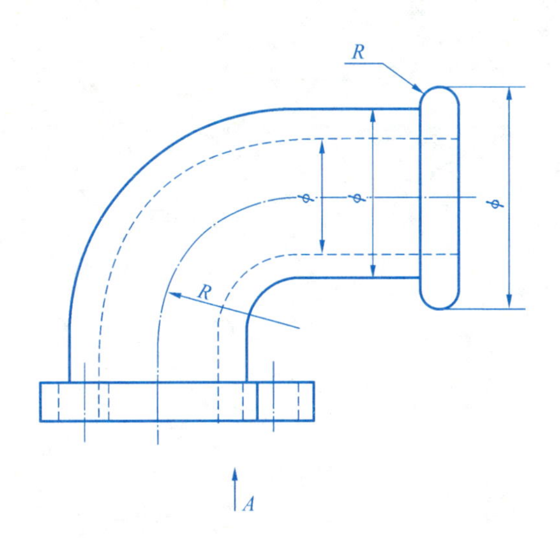

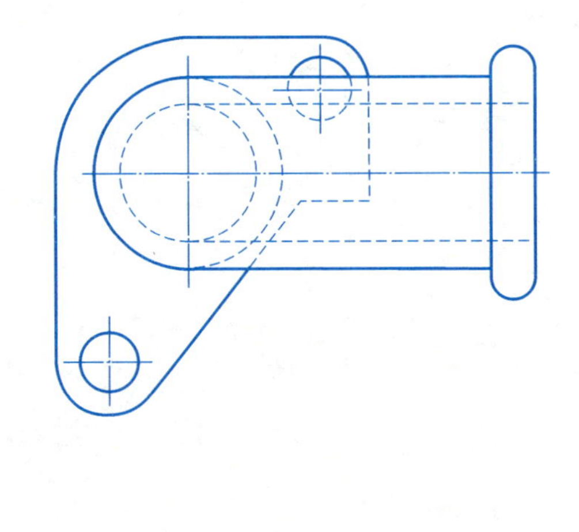

班级＿＿＿＿＿＿　姓名＿＿＿＿＿＿　学号＿＿＿＿＿＿　日期＿＿＿＿＿＿

3. 画出机件的 A 向斜视图。

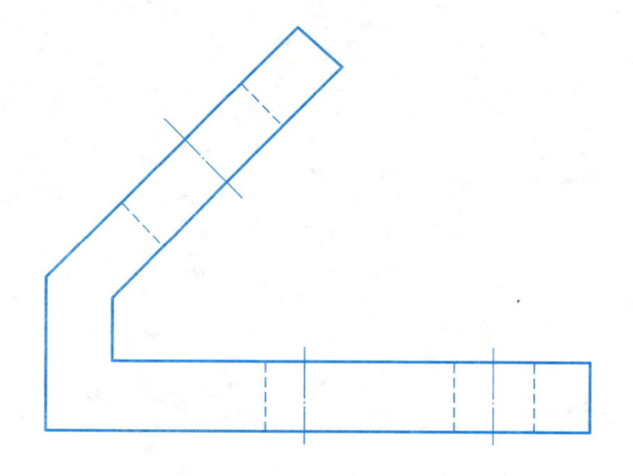

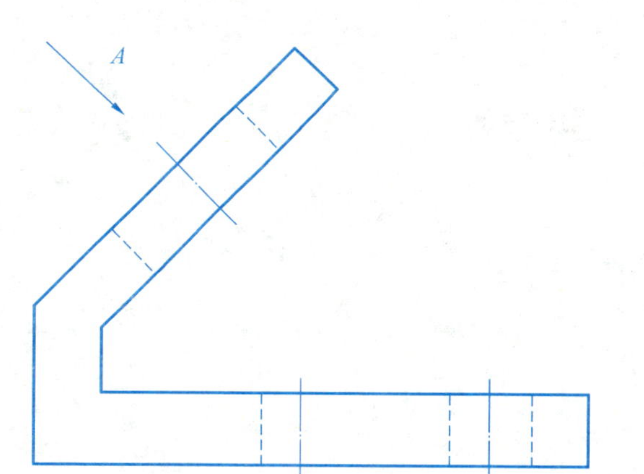

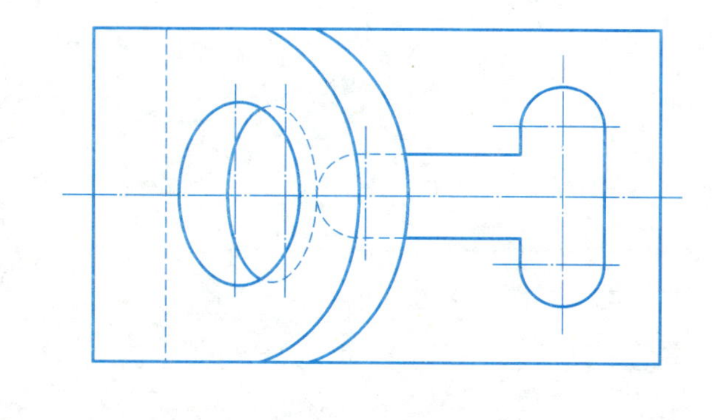

班级______ 姓名______ 学号______ 日期______

4. 根据轴测图及图中的尺寸，作 A 向斜视图与 B 向局部视图。

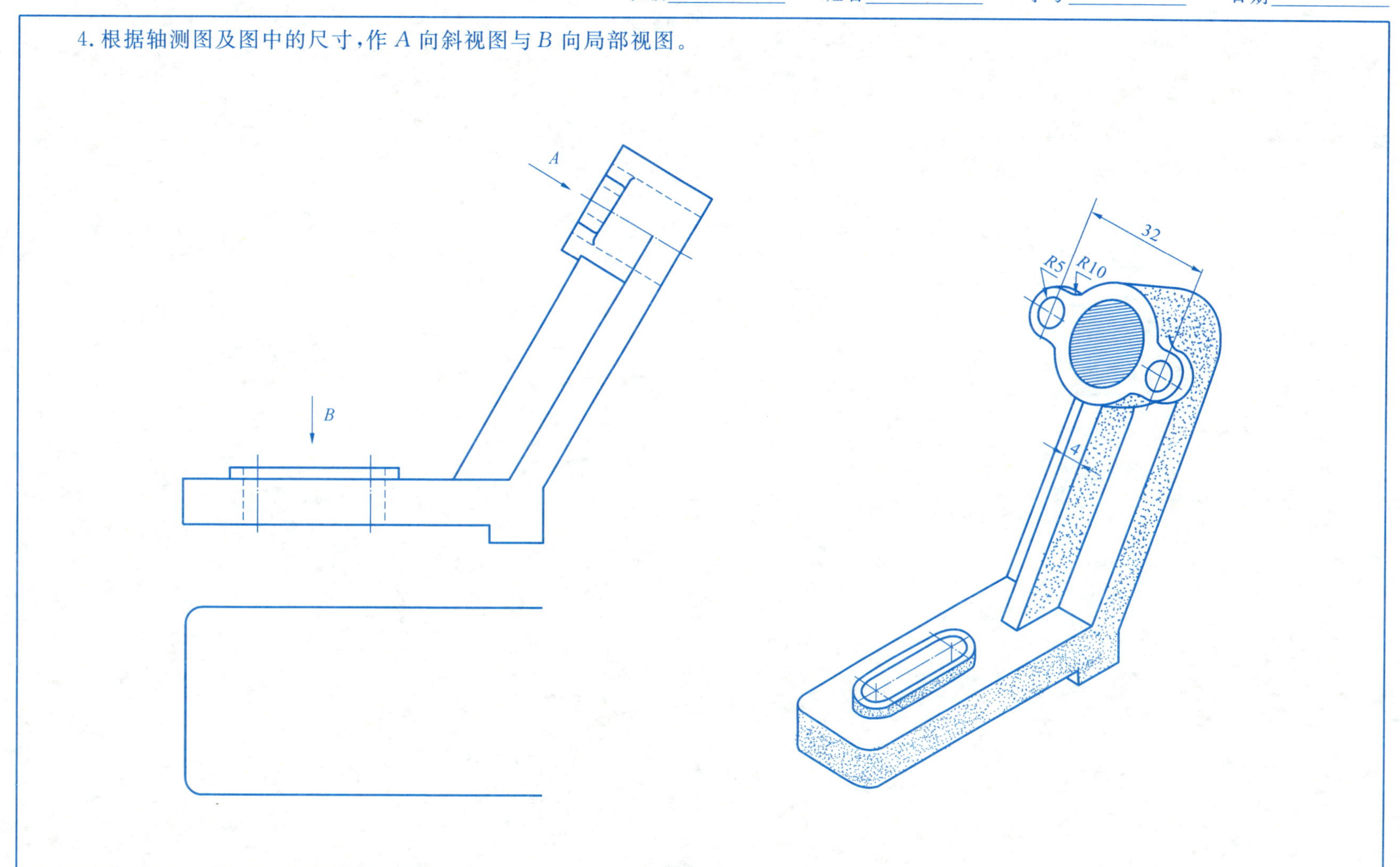

任务 6.2 剖视图

1. 将主视图画成全剖视图。

(1)

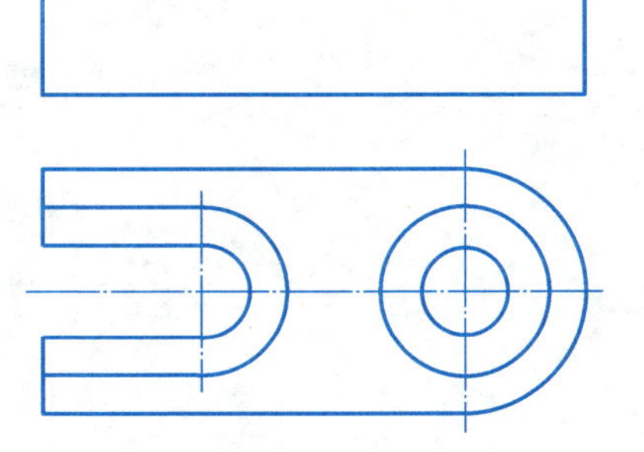

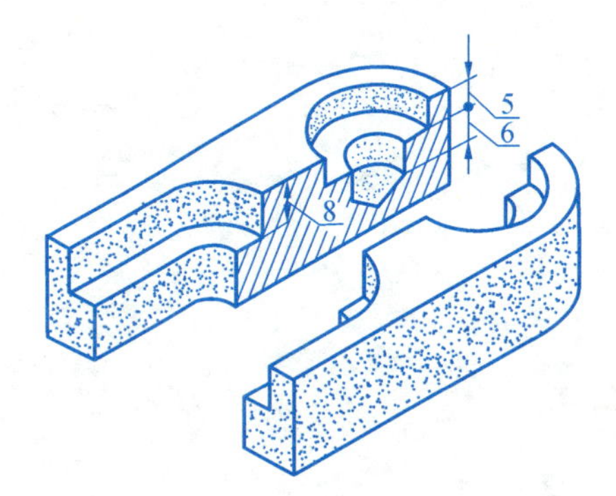

(2)

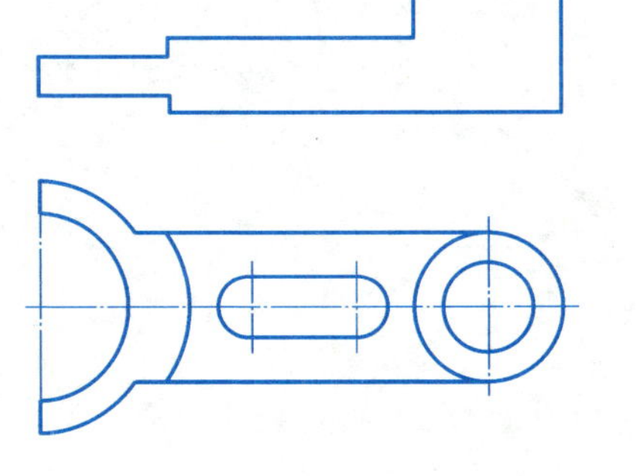

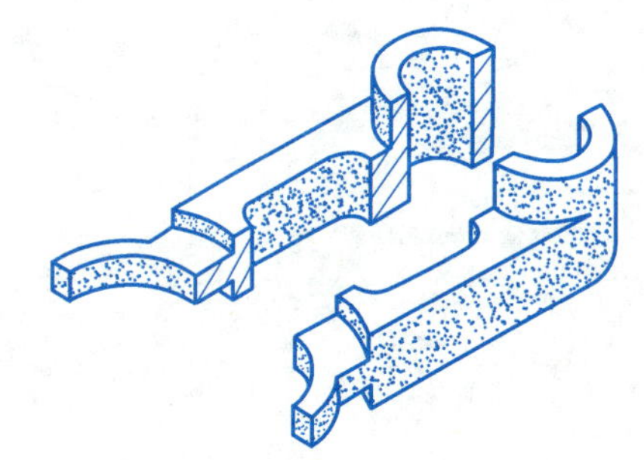

班级____________ 姓名____________ 学号____________ 日期____________

(3)

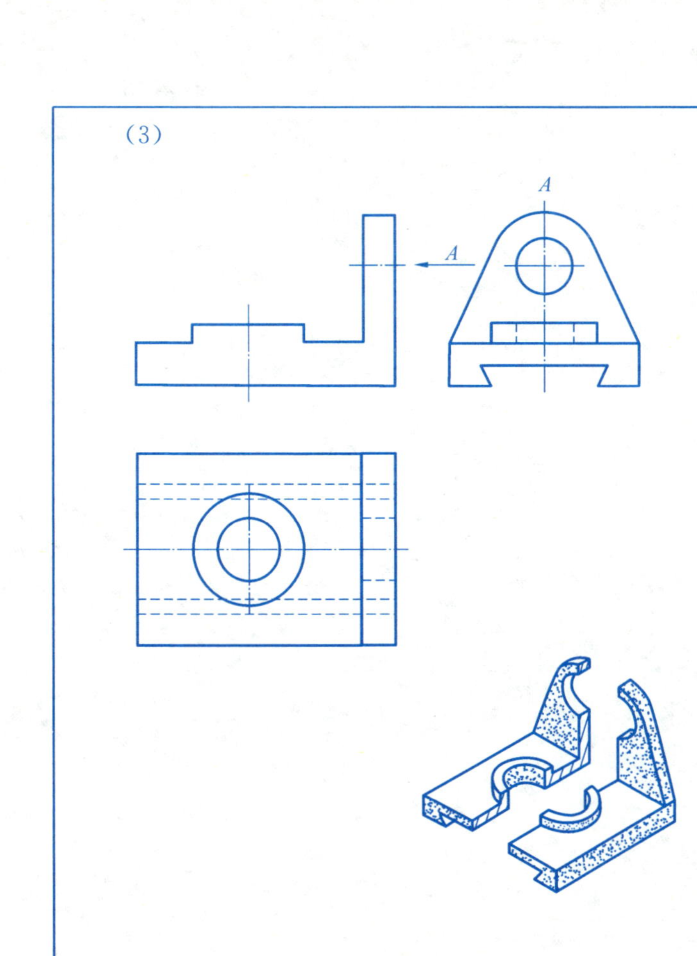

(4)

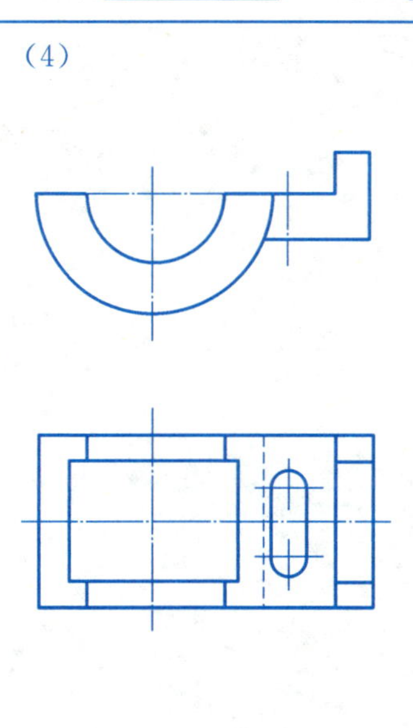

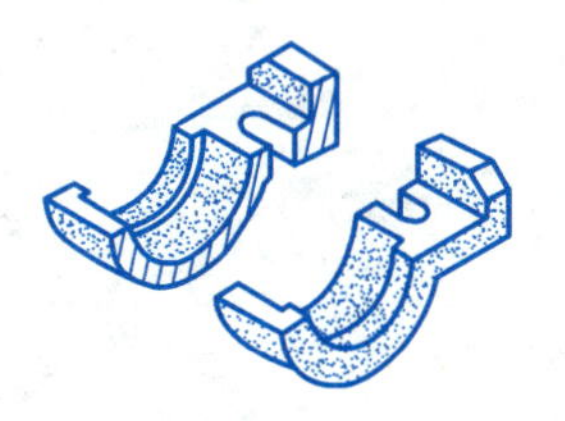

班级____________ 姓名____________ 学号____________ 日期____________

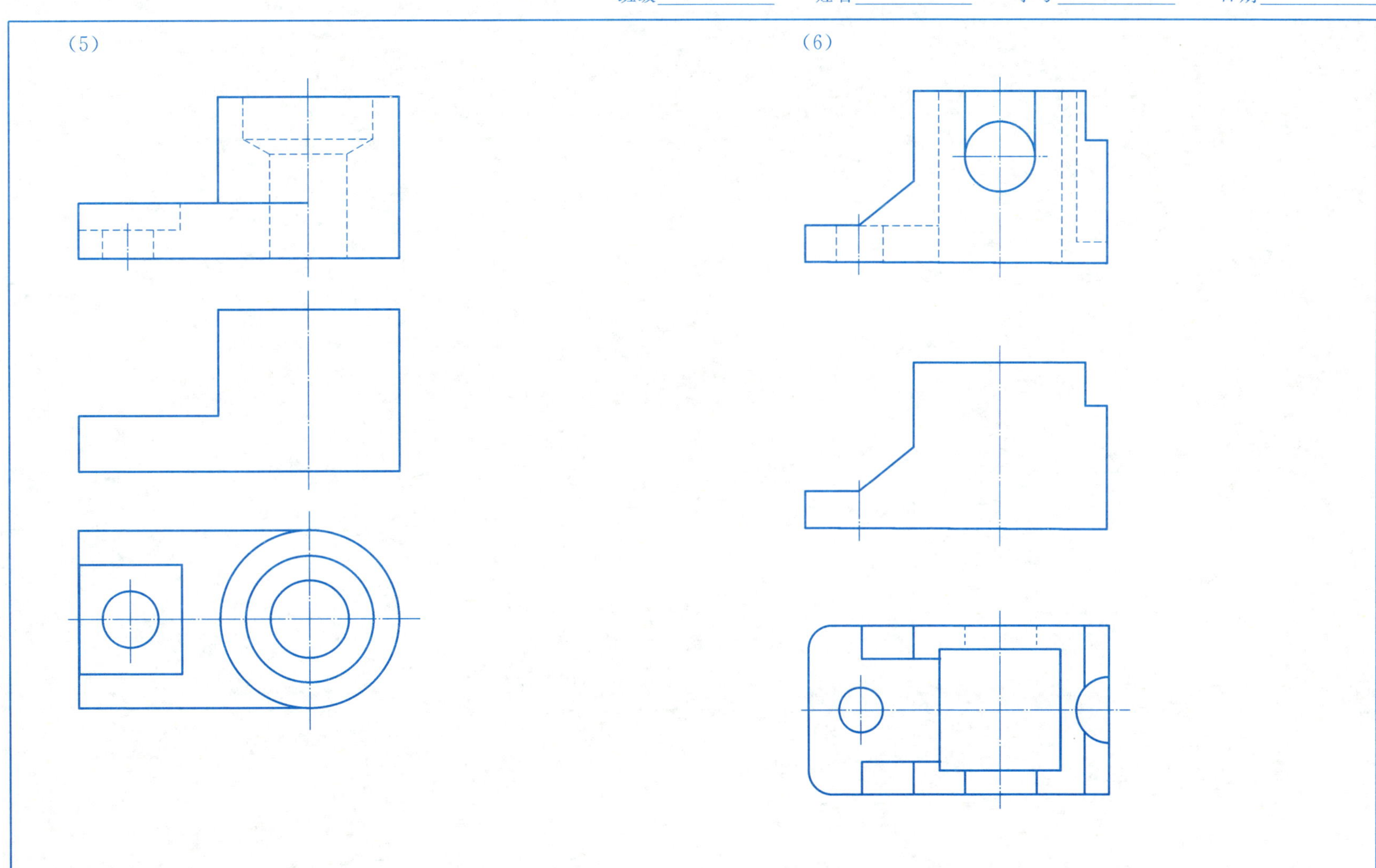

(7)

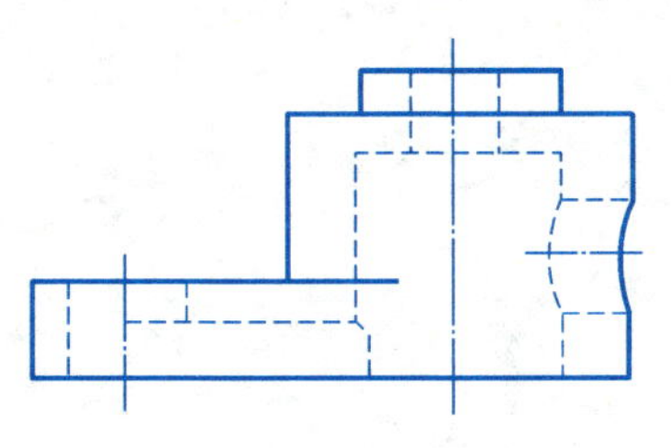

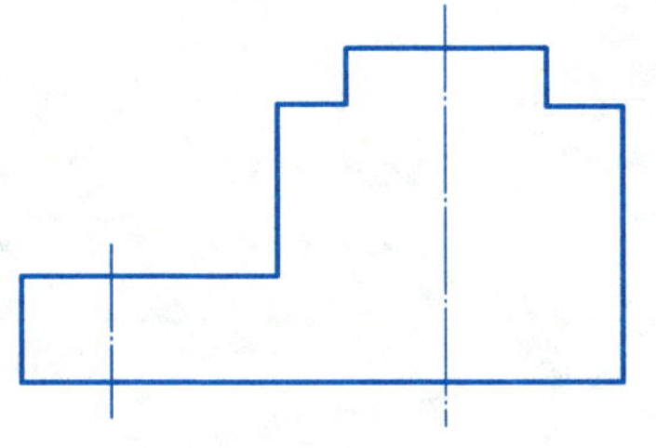

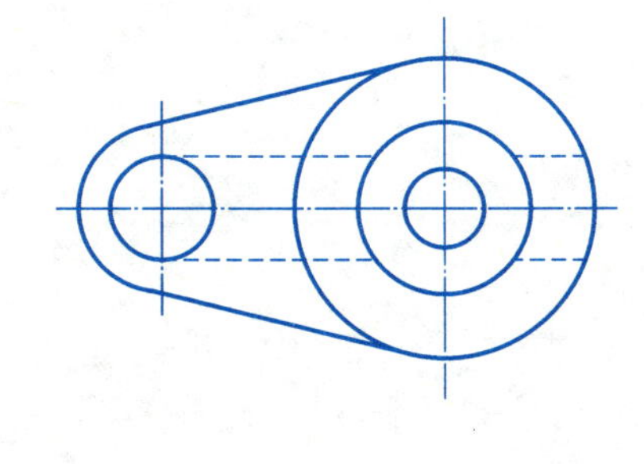

(8)

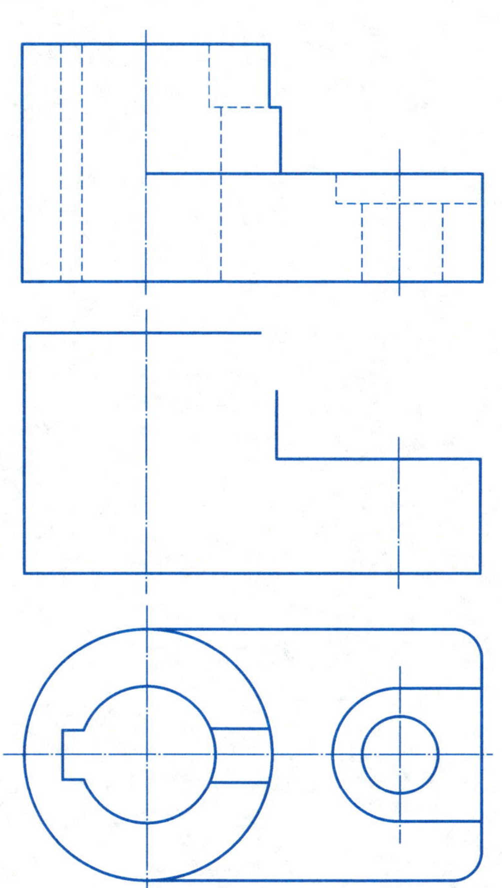

班级＿＿＿＿＿＿　姓名＿＿＿＿＿＿　学号＿＿＿＿＿＿　日期＿＿＿＿＿＿

2. 用几个平行平面剖切的方法将主视图改为全剖视图。

(1)

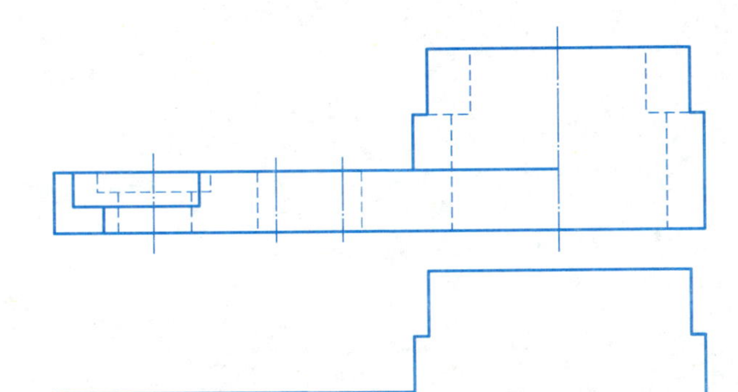

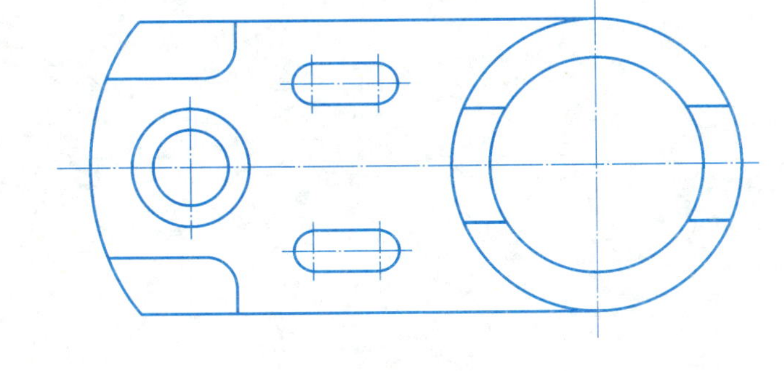

(2)

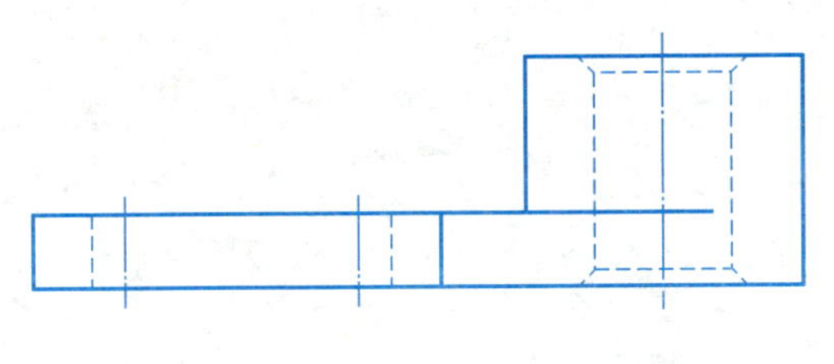

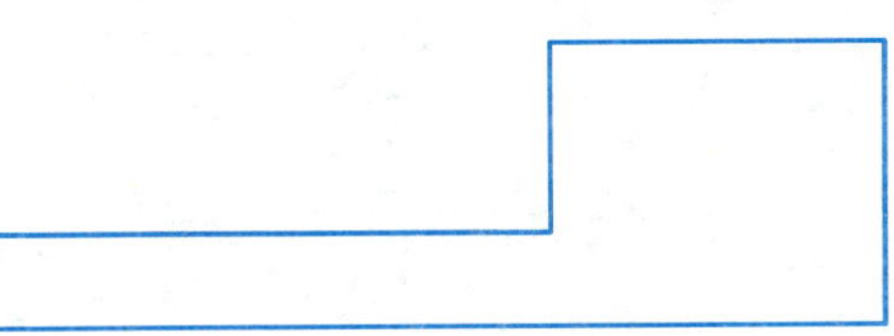

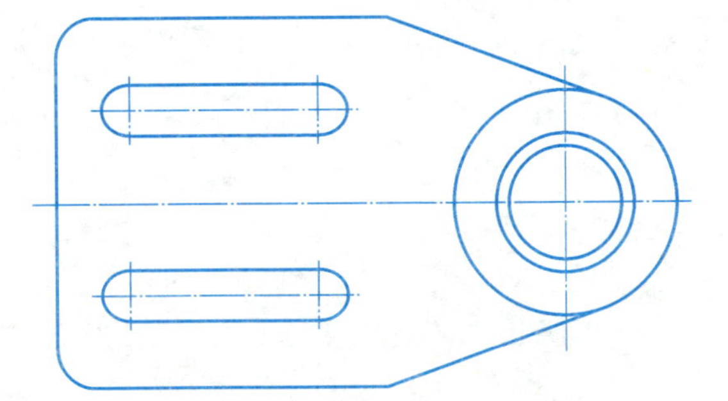

班级________ 姓名________ 学号________ 日期________

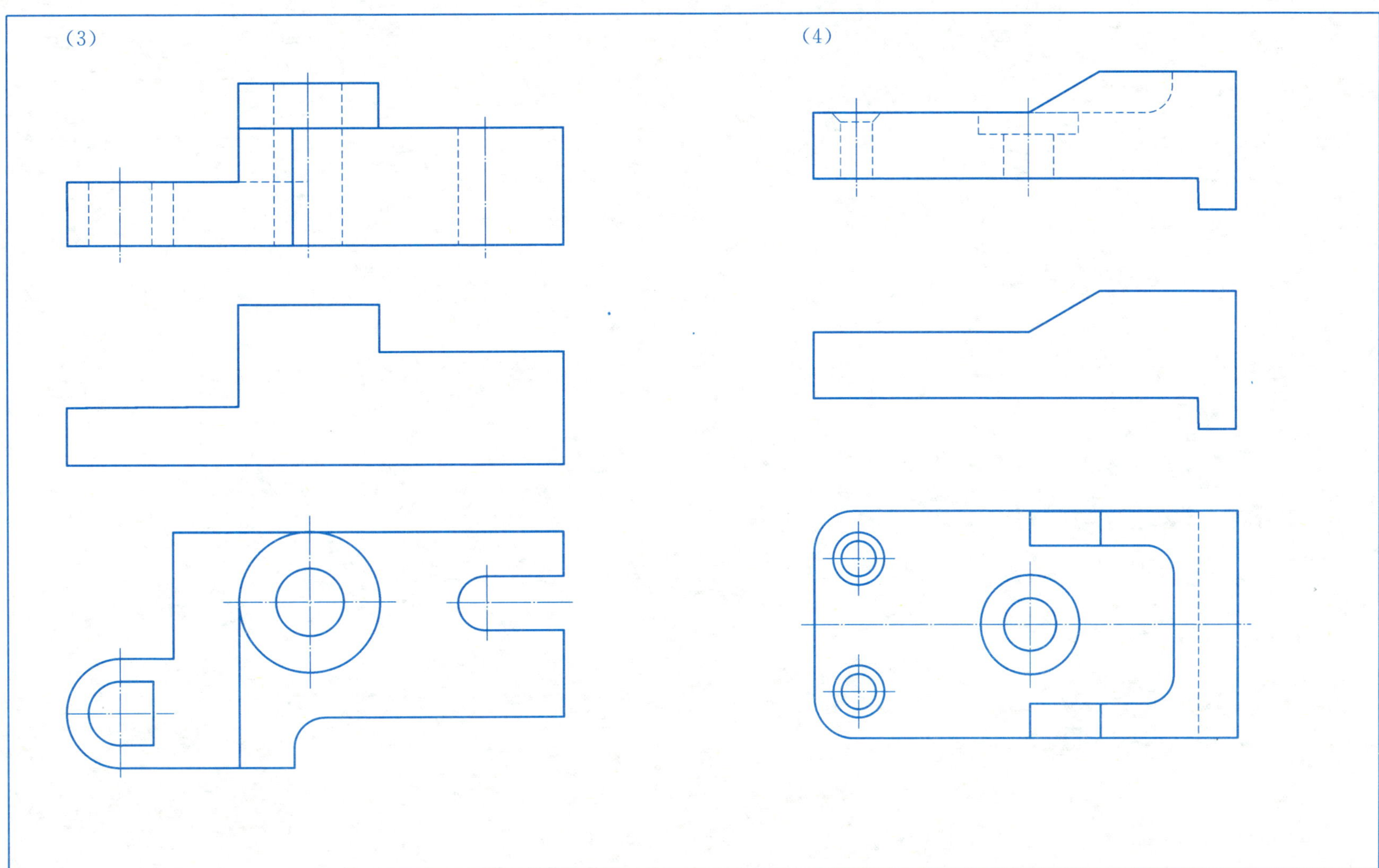

3. 用几个相交平面剖切的方法将主视图改为全剖视图。

(1)

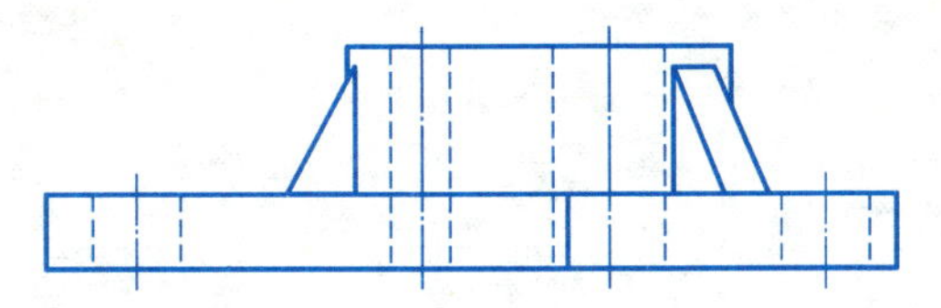

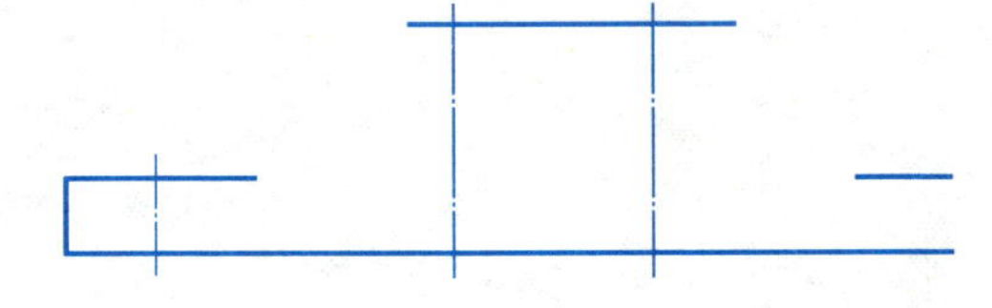

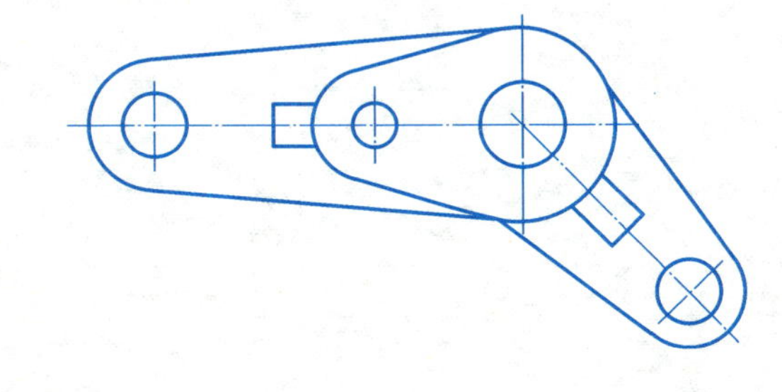

(2)

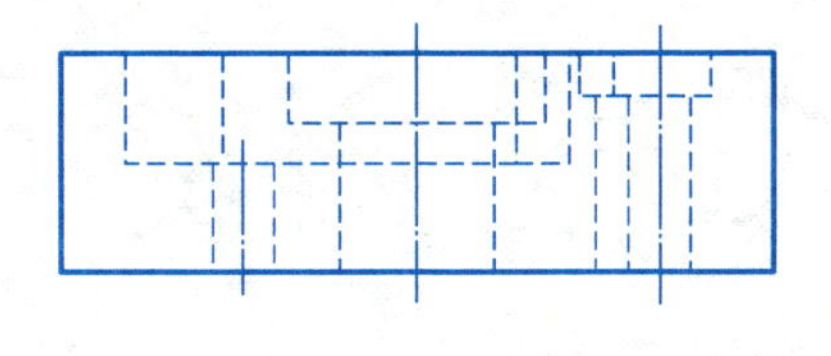

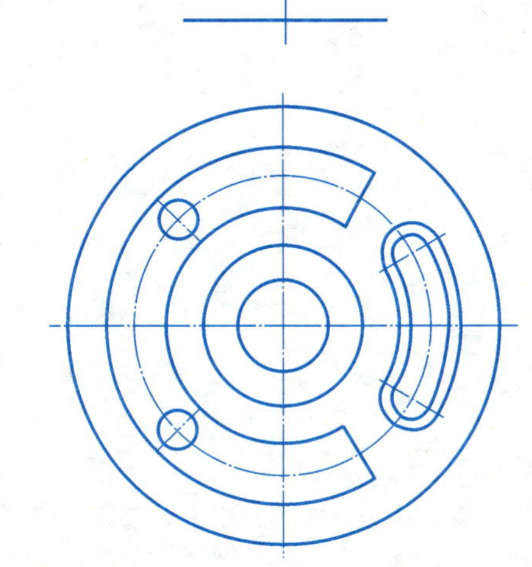

4.用单一剖切平面剖切的方法，将主视图画成半剖视图。

(1)

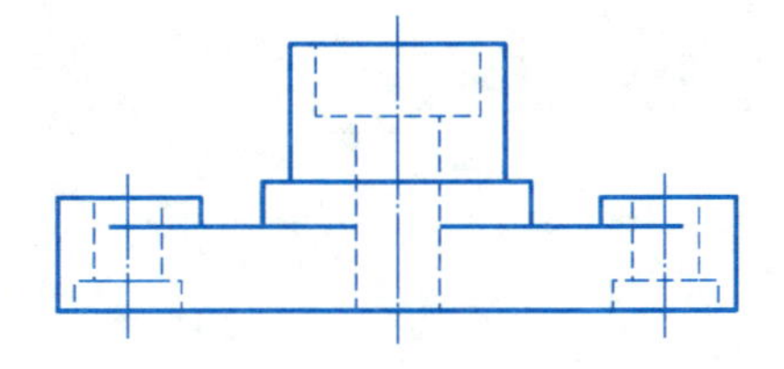

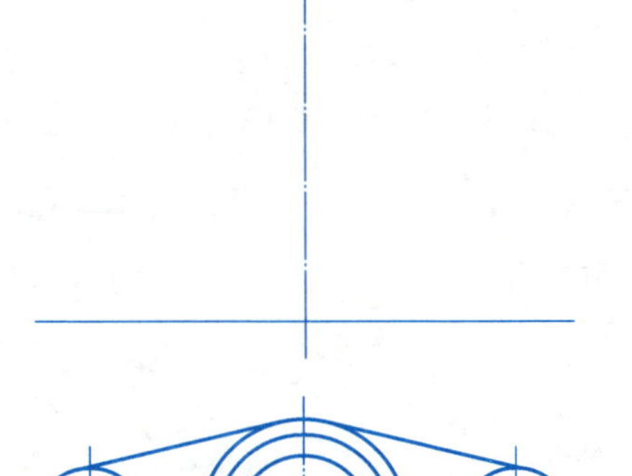

(2)

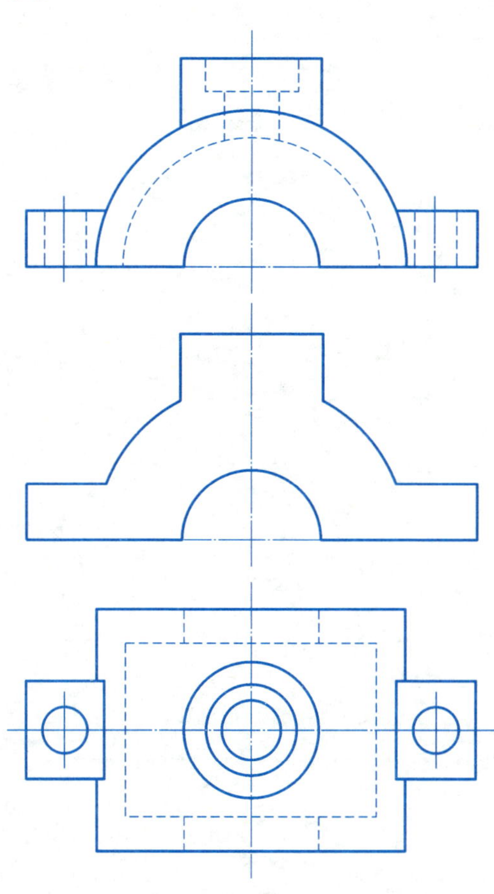

班级＿＿＿＿＿＿　　姓名＿＿＿＿＿＿　　学号＿＿＿＿＿＿　　日期＿＿＿＿＿＿

5. 按要求作半剖视图。

(1) 将俯视图画成半剖视图。

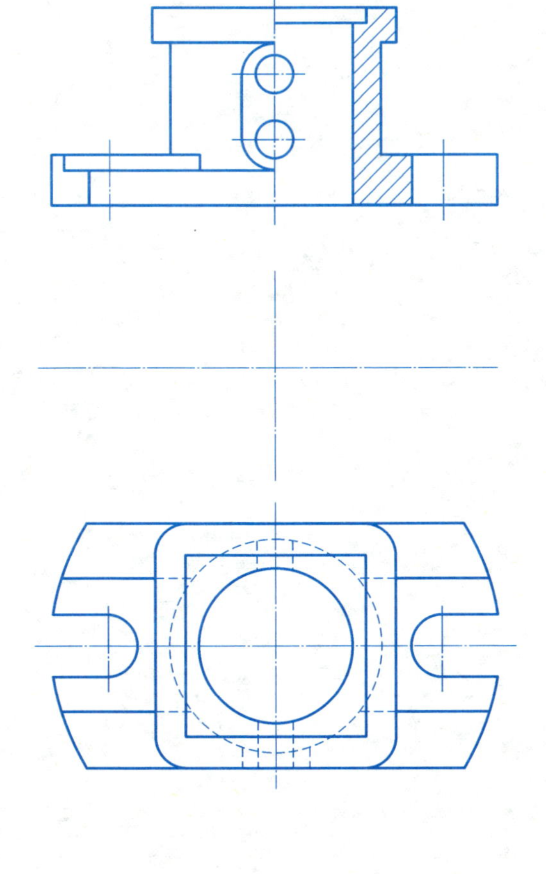

(2) 补画半剖视图左视图。

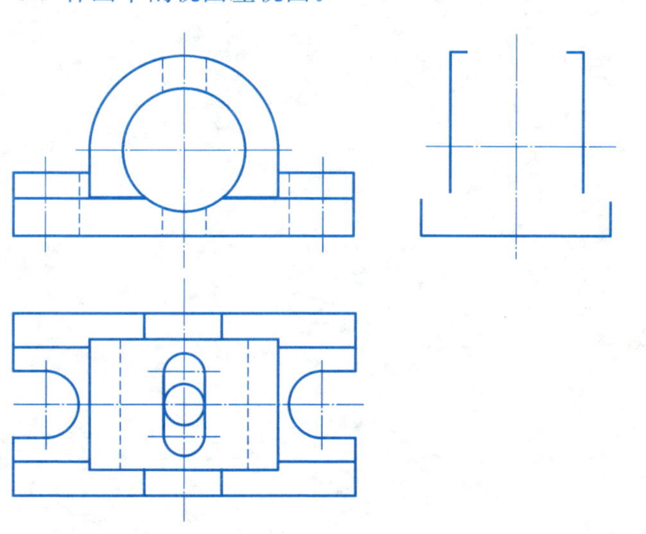

6. 根据图 1 所示的视图，判断图 2、3、4 的画法是否正确，并在右边空白处画出正确的图形。

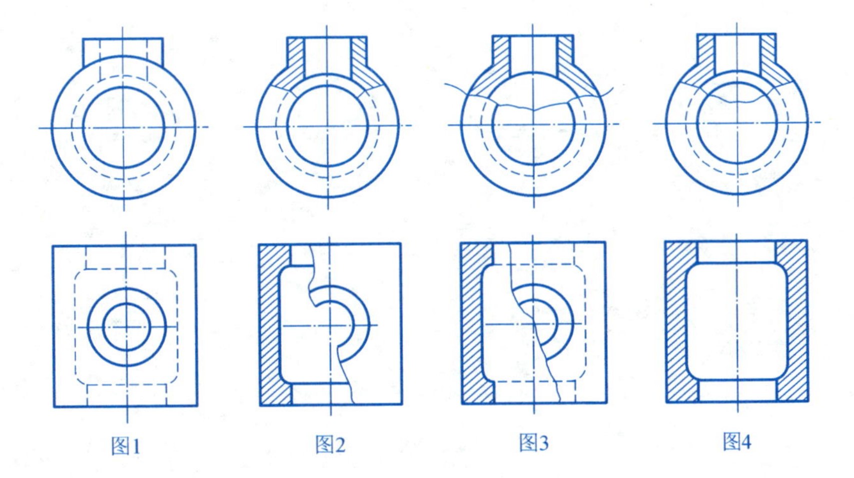

7. 根据图 1 所给的视图,改正图 2 中局部剖视图的错误。

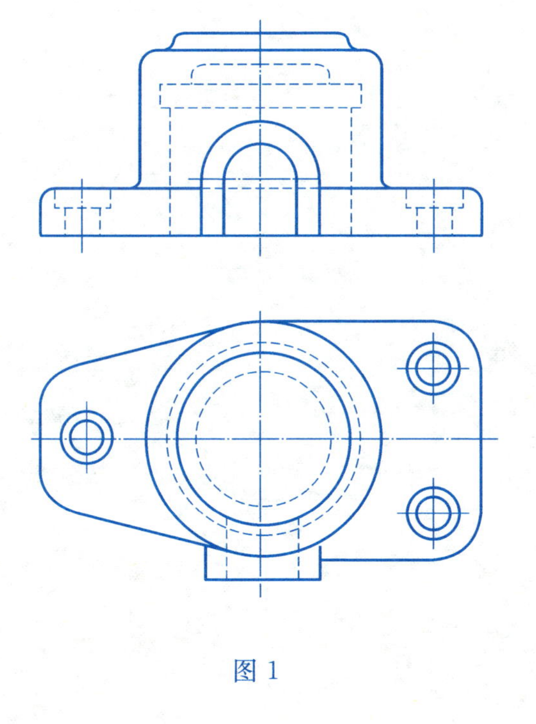

图 1

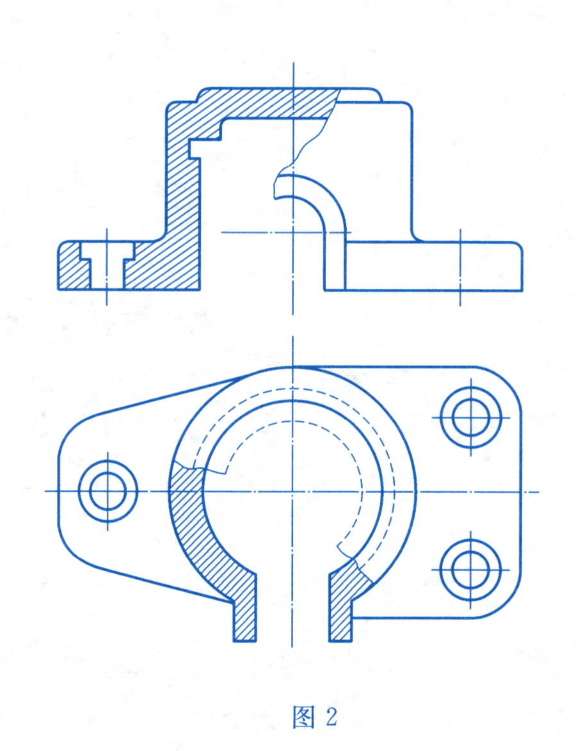

图 2

8. 将视图改为局部剖视图。

(1)

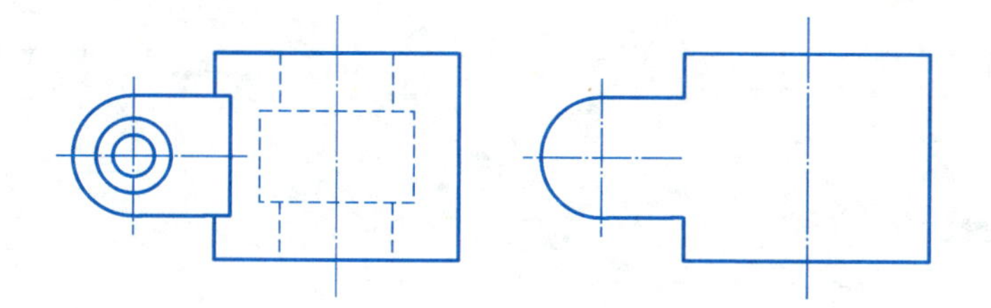

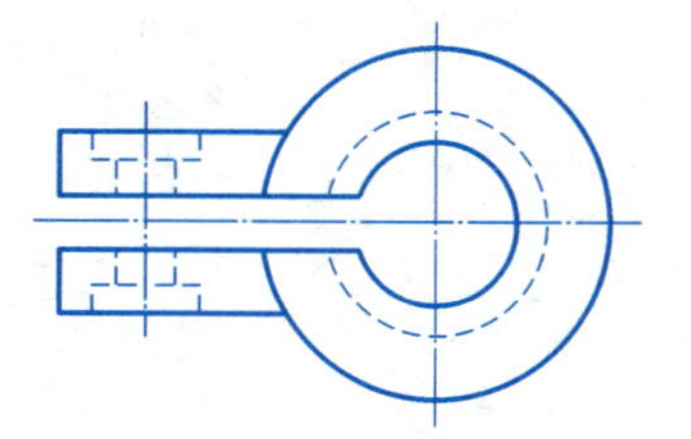

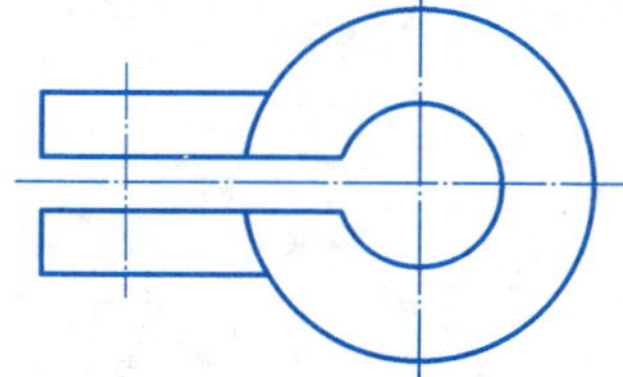

(2)

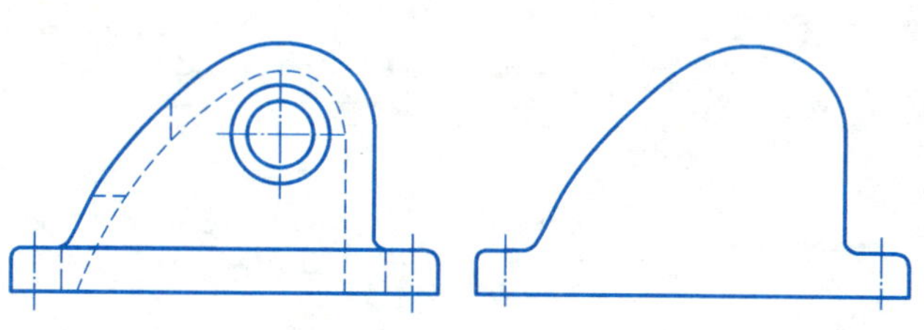

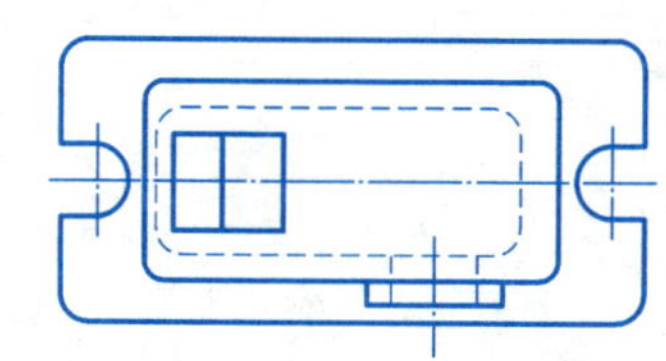

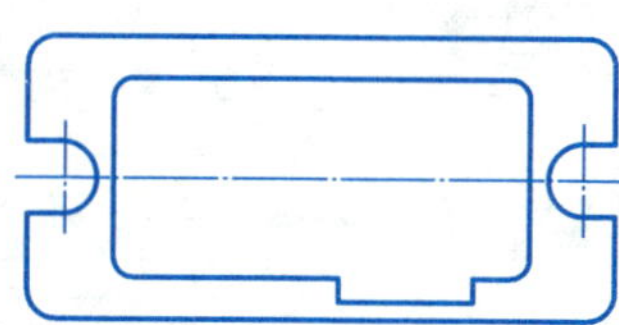

任务 6.3 断面图

1. 选出主视图下方的正确断面图。

(1)

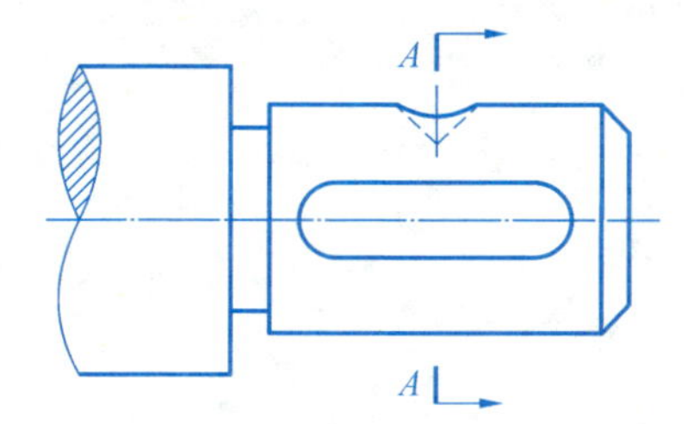

(2)

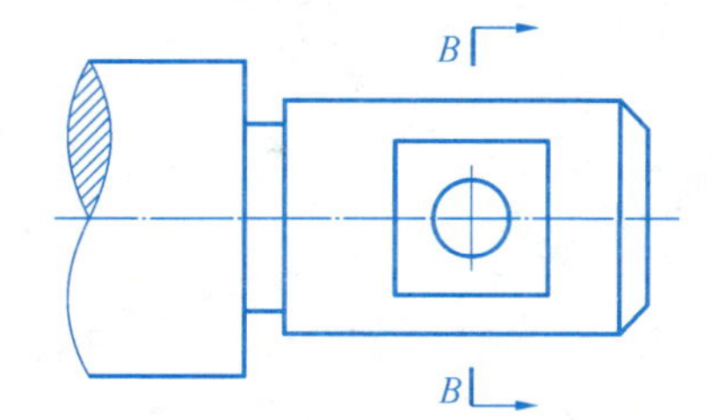

(3)

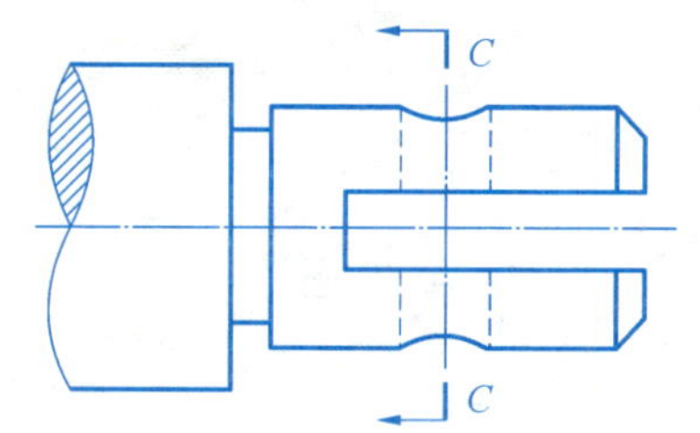

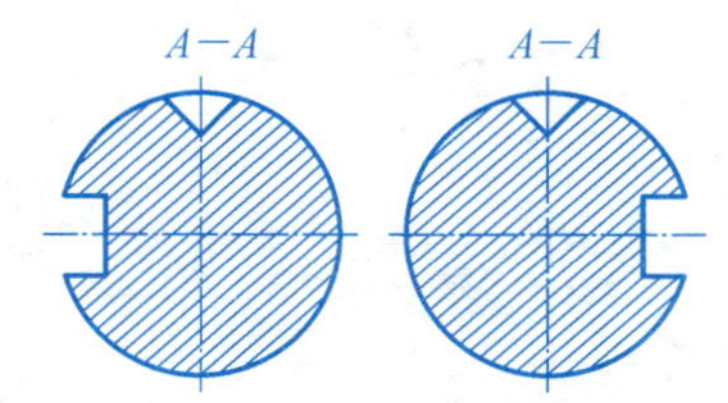

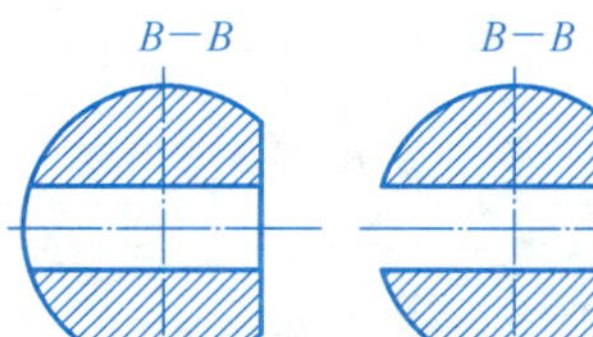

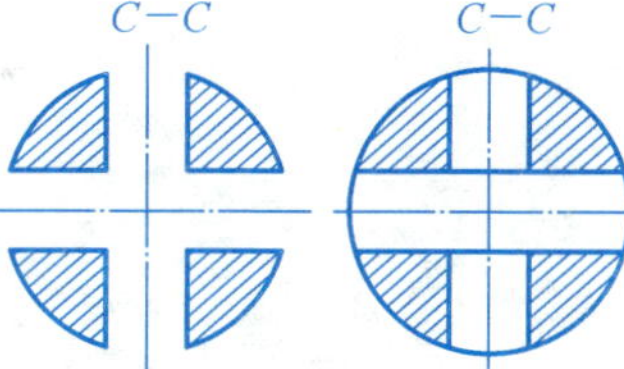

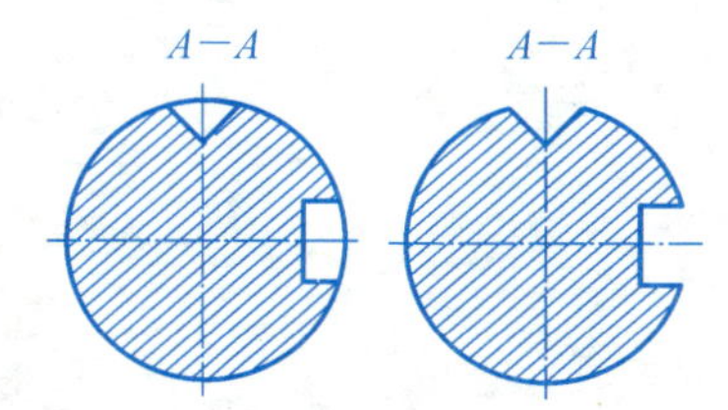

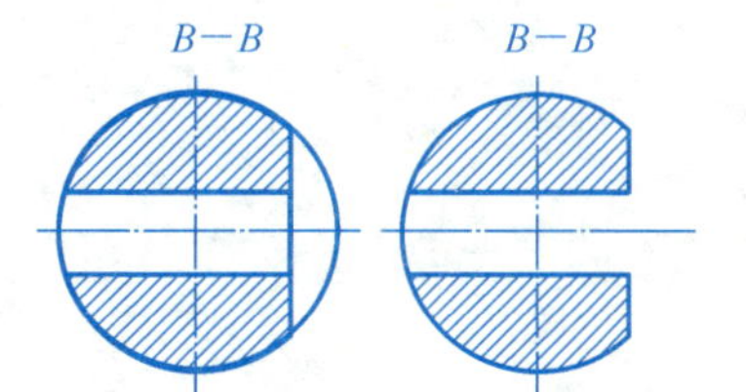

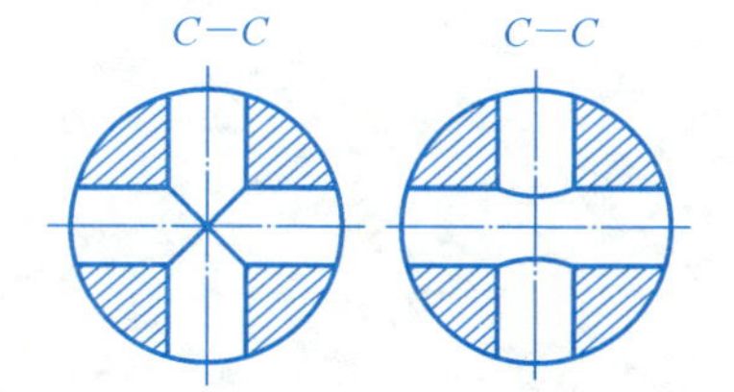

2. 在指定位置画出断面图并标注键槽的尺寸(左键槽深 4 mm，右键槽深 3.5 mm)。

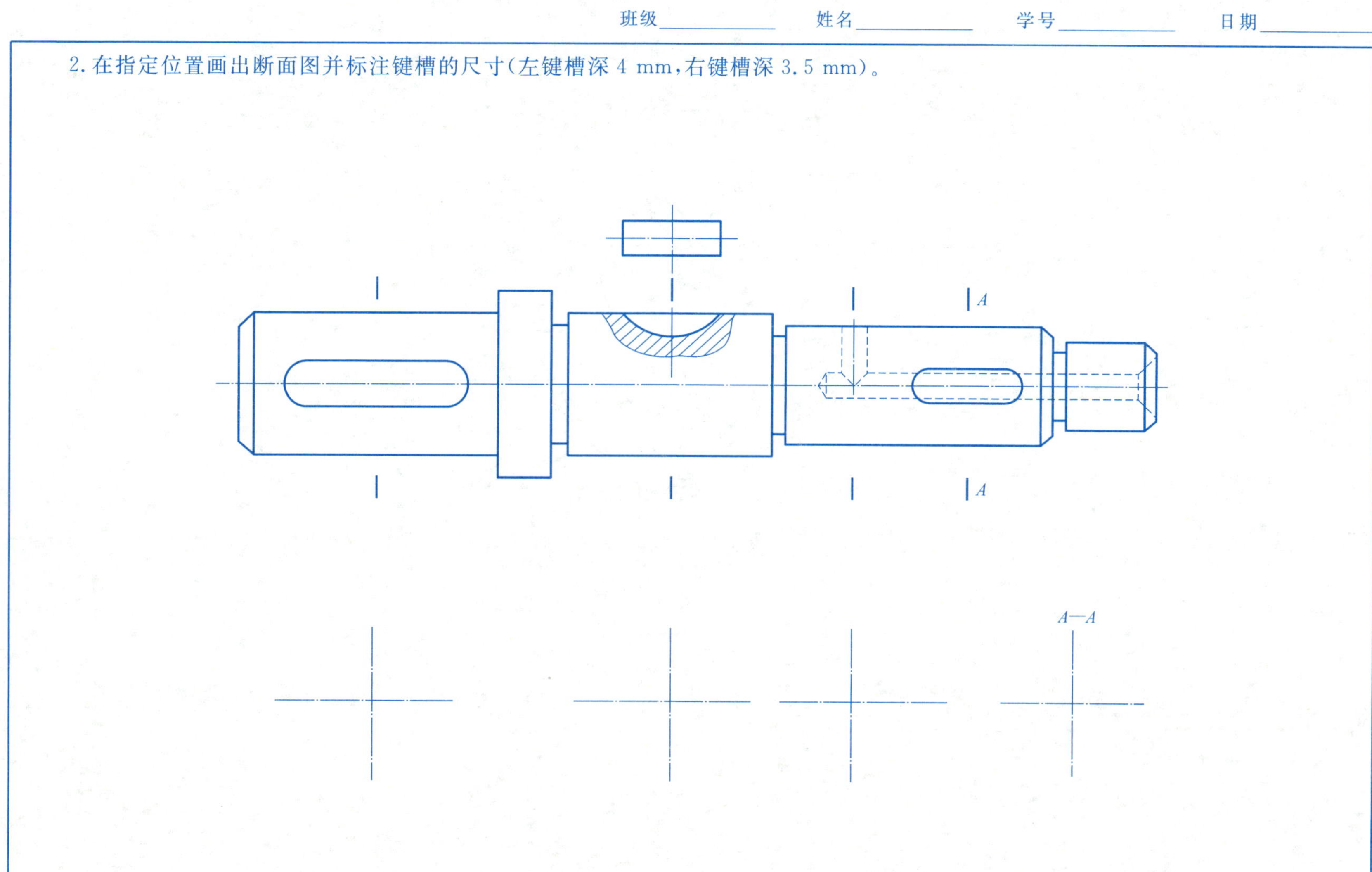

班级____________ 姓名____________ 学号____________ 日期____________

3.按给定位置画出移出断面图。

(1)

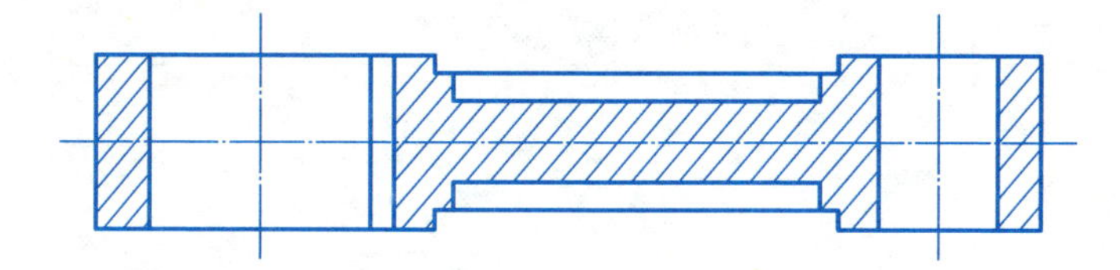

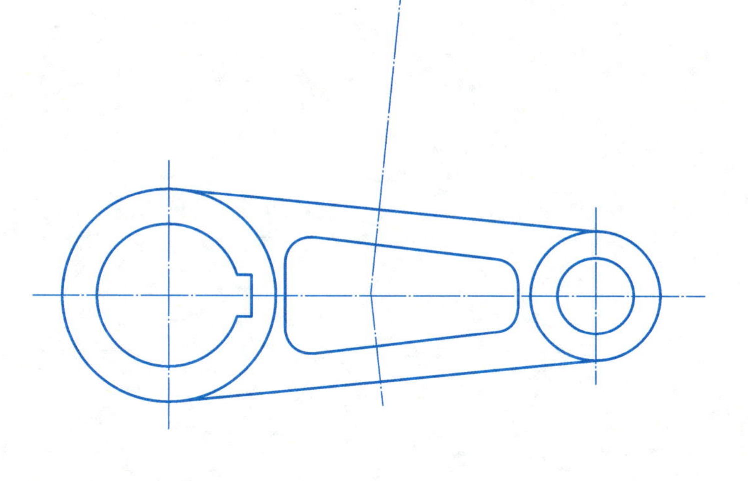

(2)

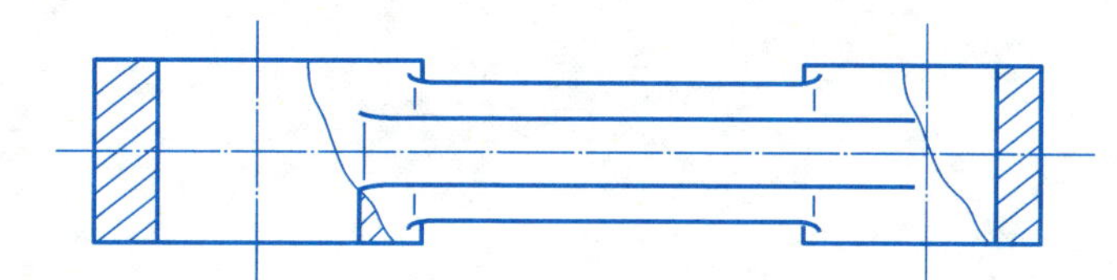

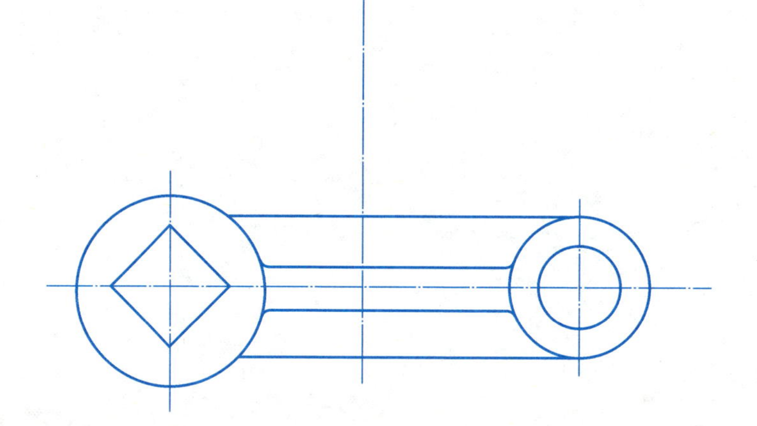

任务 6.4 其他表达方法

1. 下图是按 1∶1 比例绘制的，将图中指定部位按 2∶1 比例放大画出。

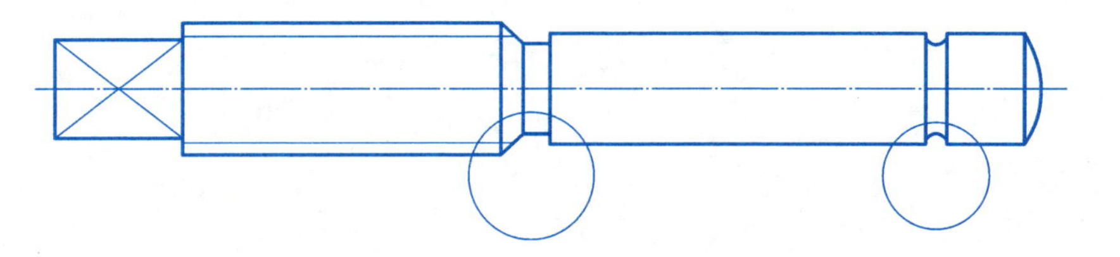

2. 试用简化画法重新表达三通管。

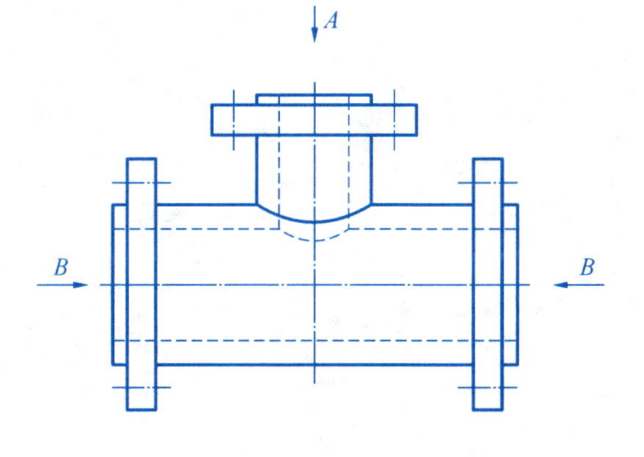

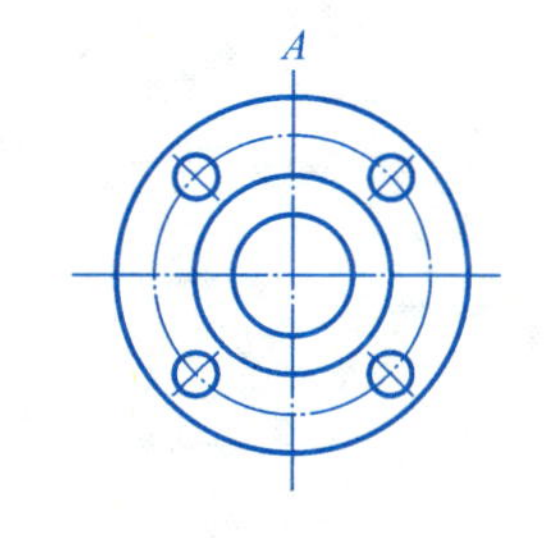

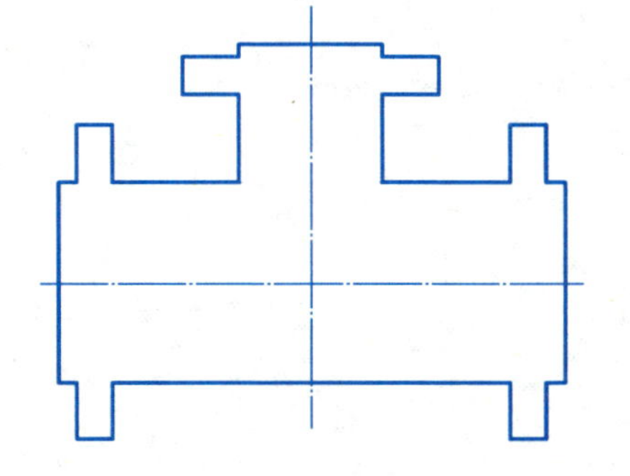

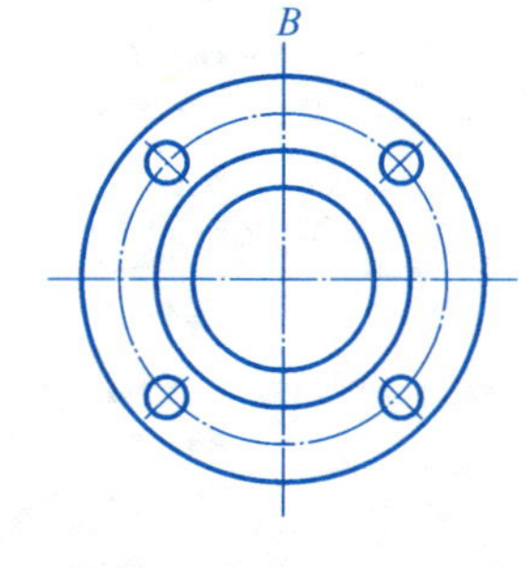

任务 6.5 表达方法综合应用举例

1. 作业目的

(1) 熟悉和掌握综合选用视图、剖视图、断面图等各种图样画法来表达机件。

(2) 进一步练习较复杂形体的尺寸标注方法。

2. 内容与要求

(1) 根据机件的轴测图或给定的视图，选择合适的表达方案将机件表达清楚，用形体分析法标注尺寸。

(2) 用 A3 图纸，比例自定。

3. 注意事项

(1) 视图、剖视图、断面图等要选用恰当且简明清晰。

(2) 图形准确，符合投影关系，各种画法正确。

(3) 尺寸标注完整、清晰、合理。

(4) 首先考虑主视图，然后考虑俯、左视图是否需要，最后考虑还需要增添哪些基本视图和辅助视图。

(5) 选择每个视图的剖视图时，应该将各个视图综合起来整体考虑。

(6) 选择视图和标注尺寸时一定要用形体分析法，以保证各部分形体都表达清楚且尺寸标注完整。

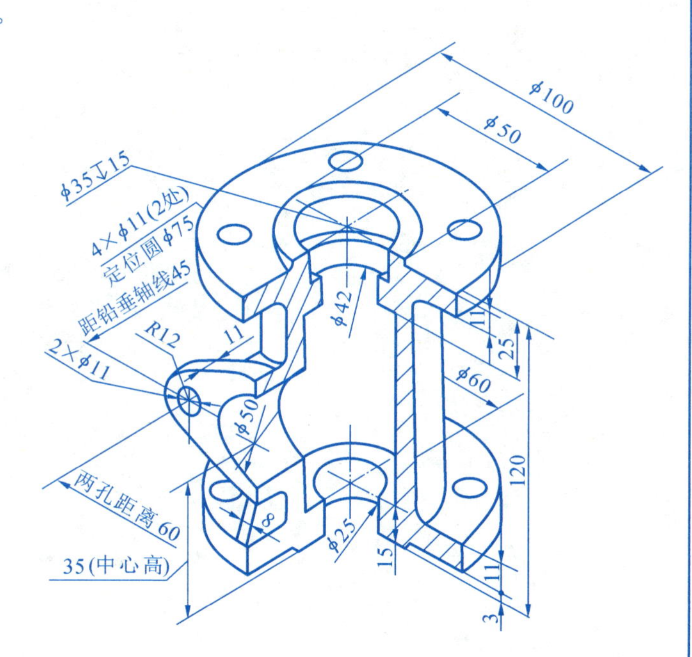

班级________ 姓名________ 学号________ 日期________

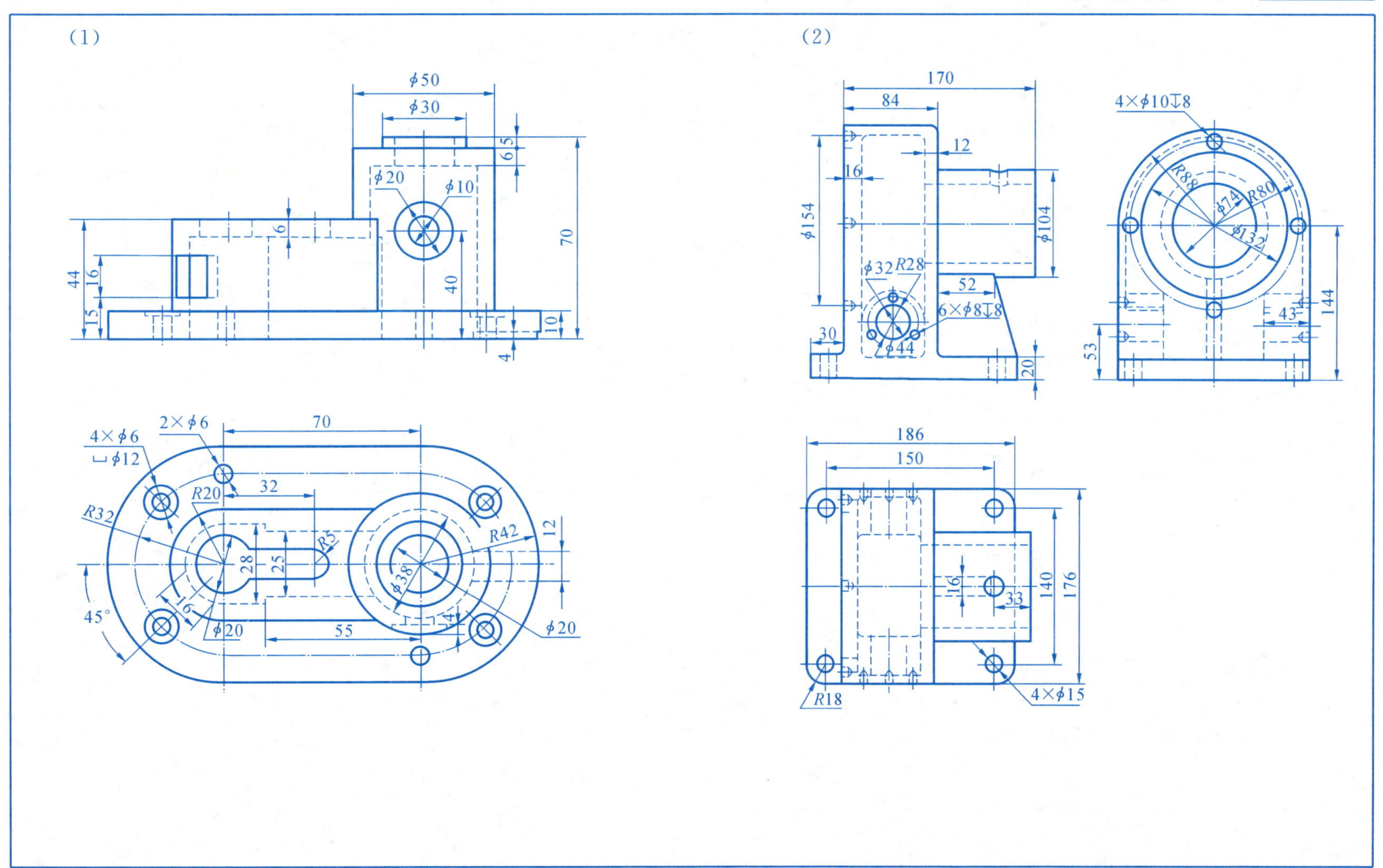

项目7 标准件和常用件

班级________ 姓名________ 学号________ 日期________

任务7.1 螺纹

1. 按规定画法画出螺纹并在视图上标注螺纹的规定代号。

(1) 梯形螺纹，大径 18 mm(小径 14 mm)，导程 8 mm，线数 2，螺纹长度 25 mm，左旋。

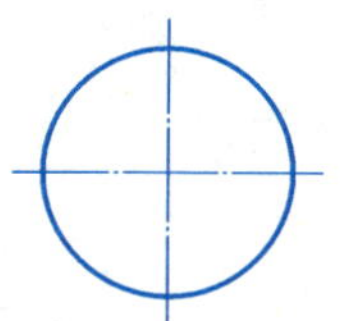

(2) 粗牙普通螺纹，大径 18 mm，螺距 2.5 mm，螺纹长度 30 mm，右旋。

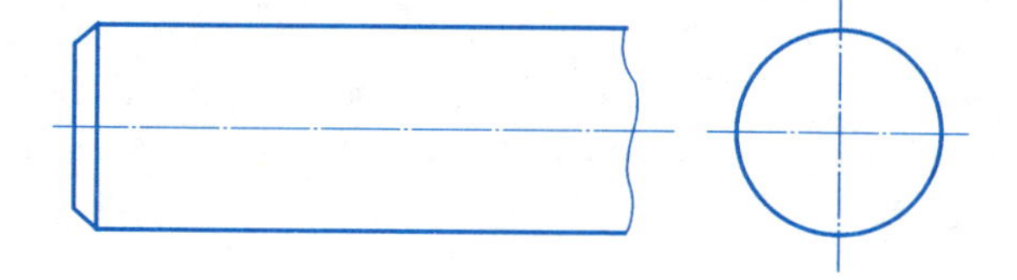

(3) 细牙普通螺纹，大径 12 mm，螺距 1 mm，螺纹长度 26 mm，左旋。

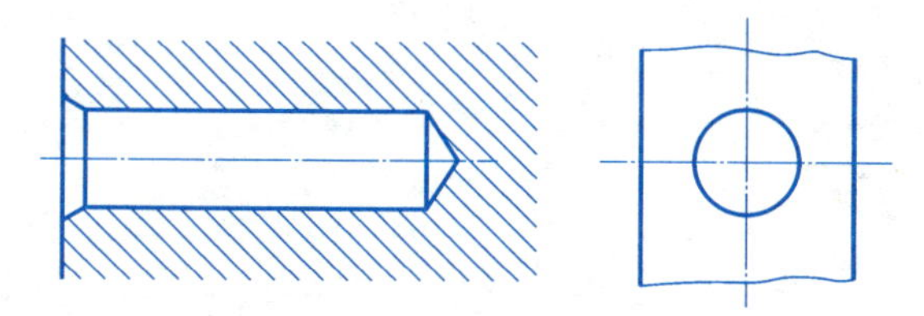

(4) 55°非密封管螺纹，尺寸代号为 1/2(大径 d=20.955 mm，小径 d_1=18.63 mm)，公差等级为 B 级，螺纹长度为 30 mm，右旋。

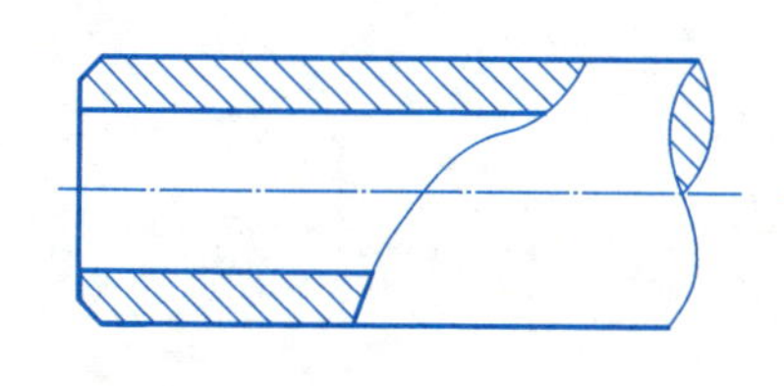

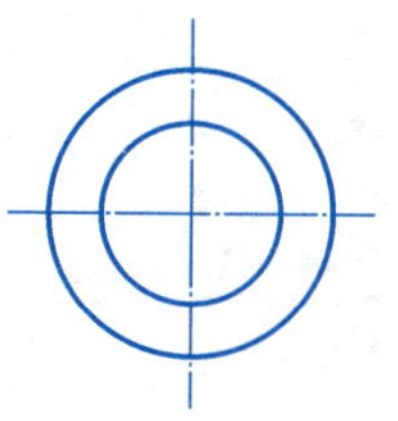

班级__________ 姓名__________ 学号__________ 日期__________

2. 分析下列图形中的错误，在空白处画出正确的图形。

(1)

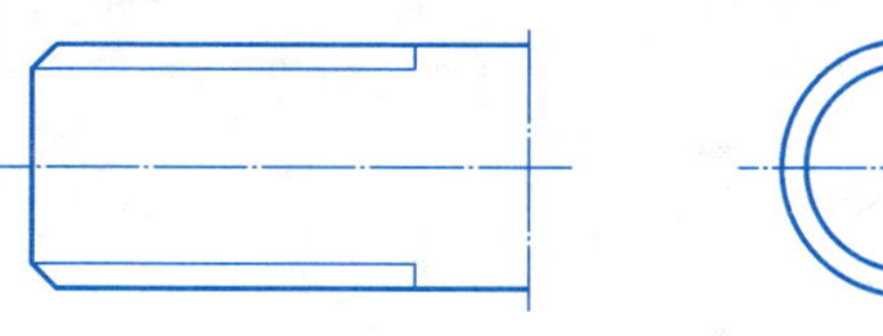

(2)

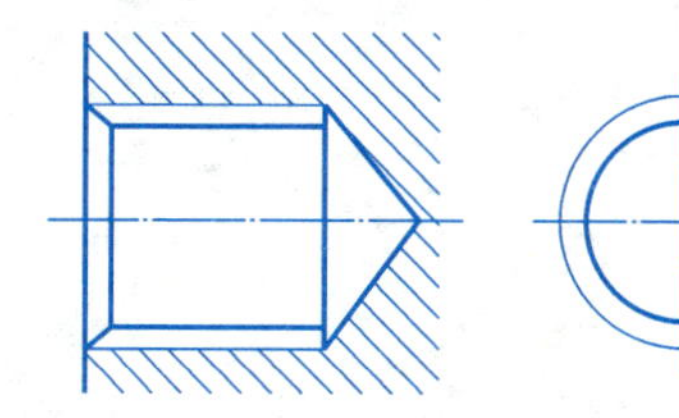

(3)

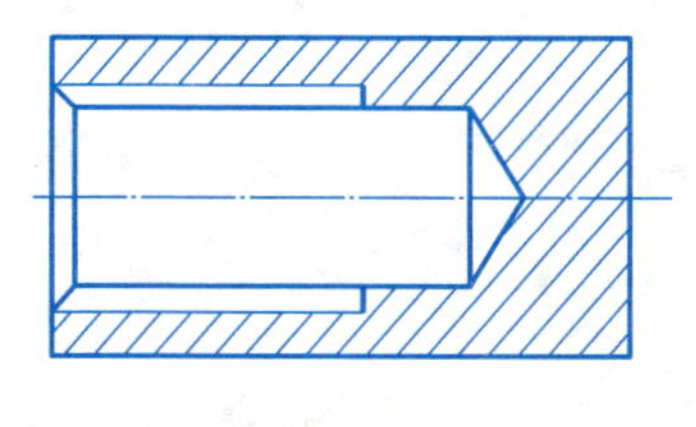

(4)

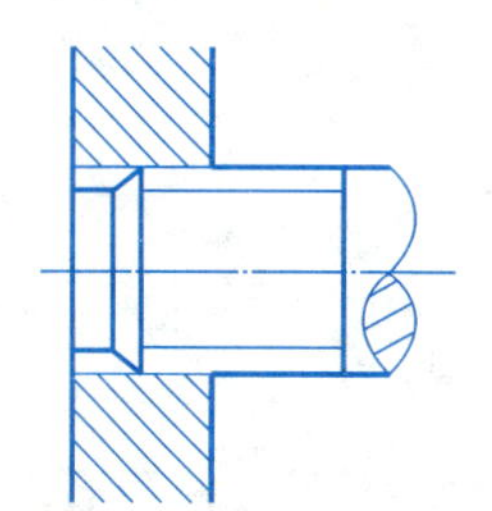

3. 螺纹公差。

(1) 查表确定 M20×2-5H6H 中径和顶径的极限偏差。

(2) 查表确定 M20×2-5h6h 中径和顶径的极限偏差，并与题(1)进行比较。

(3) 查表确定 M40-6H/6h 内外螺纹的中径、小径和大径的基本偏差，计算内外螺纹的中径、小径和大径的极限尺寸，绘制出内外螺纹的公差带图。

任务 7.2　螺纹紧固件及其连接

1. 查表填写下列螺纹紧固件的数值，并写出规定的标记。

(1) 六角头螺栓，C 级，螺纹规格 d=M12，公称长度 c=50 mm。

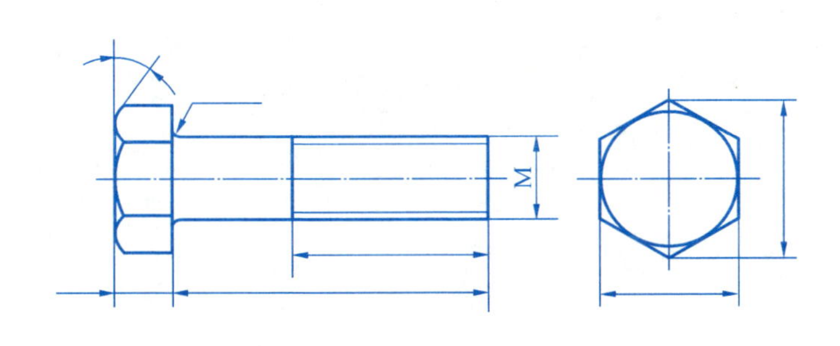

标记＿＿＿＿＿＿＿＿

(2) Ⅰ型六角螺母，A 级，螺纹规格 D=M16。

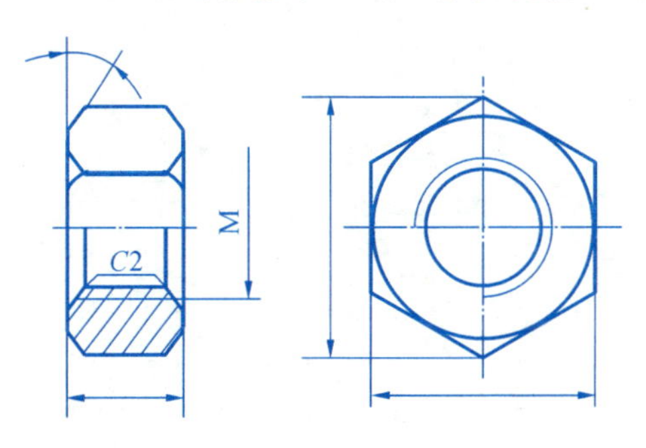

标记＿＿＿＿＿＿＿＿

(3) 双头螺柱，螺纹规格（两端）d=M16，公称长度 l=50 mm，旋入端长度 b_m=20 mm。

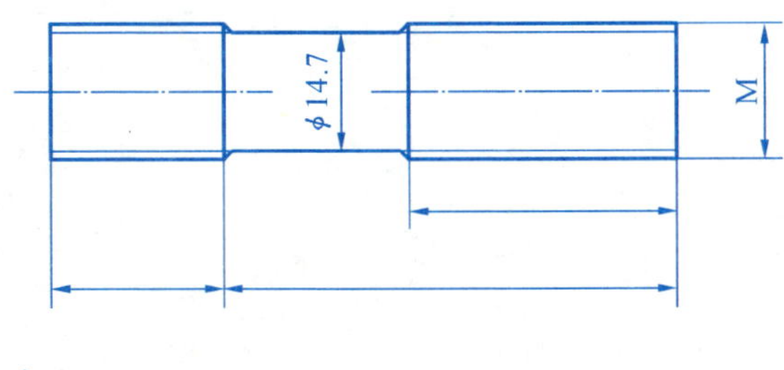

标记＿＿＿＿＿＿＿＿

(4) 开槽沉头螺钉，螺纹规格 d=M8，公称长度 l=40 mm。

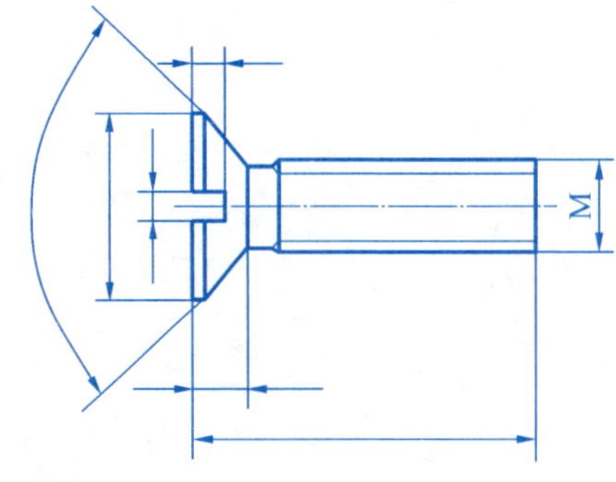

标记＿＿＿＿＿＿＿＿

2. 画出螺栓连接的三视图(螺栓 GB/T 5782 M16×55,螺母 GB/T 6170 M16,垫圈 GB/T 97.2 16)。

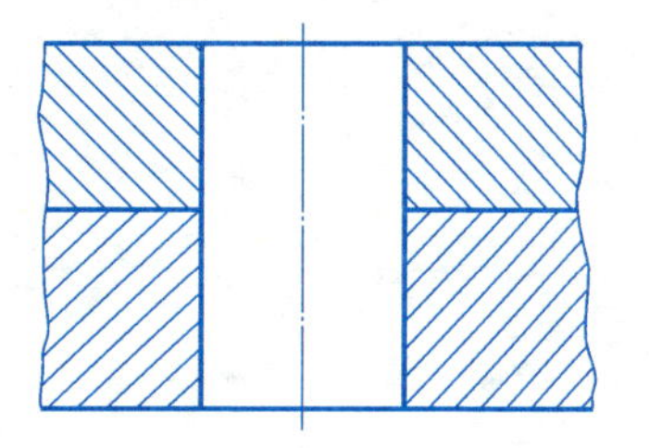

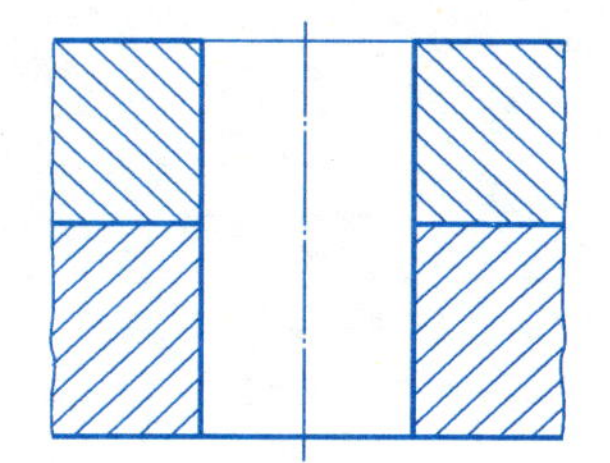

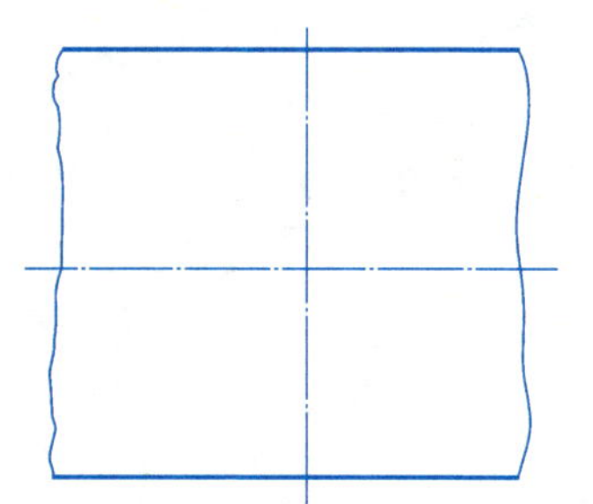

班级＿＿＿＿＿＿　姓名＿＿＿＿＿＿　学号＿＿＿＿＿＿　日期＿＿＿＿＿＿

任务 7.3　齿轮

1. 已知一直齿圆柱齿轮 $m=2.5\ \text{mm}$、$z=24$、$\alpha=20°$以及轴孔的尺寸，试完成齿轮的两个视图并标注尺寸。

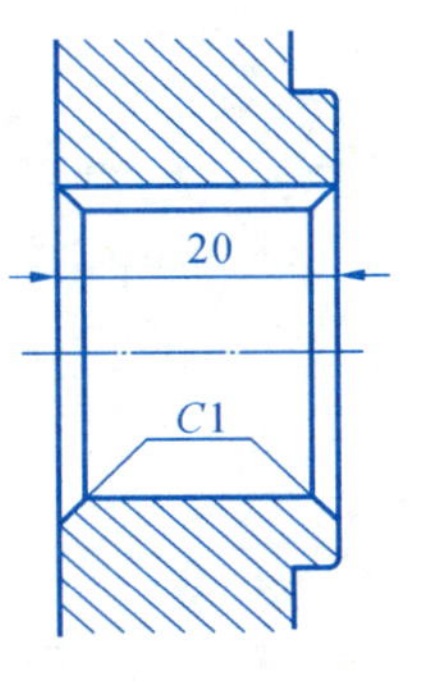

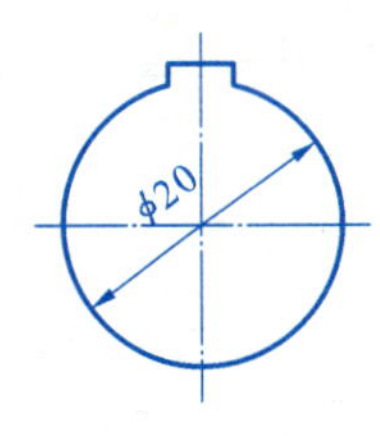

2. 在未完成的两个视图的基础上，按规定画法画出两直齿圆柱齿轮的啮合图。已知：齿数 $z_1=24$，$z_2=32$，模数 $m=2$ mm。

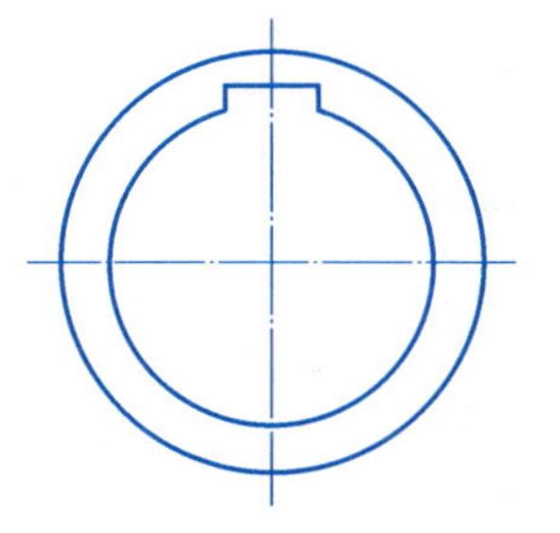

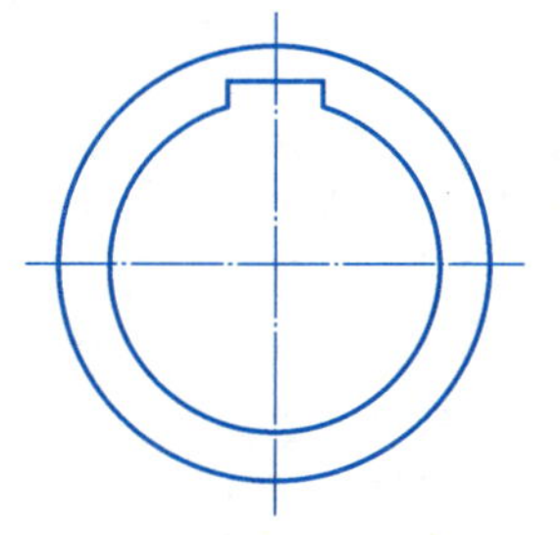

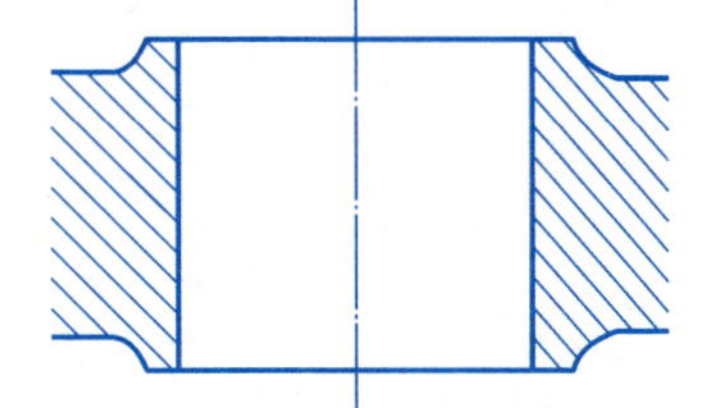

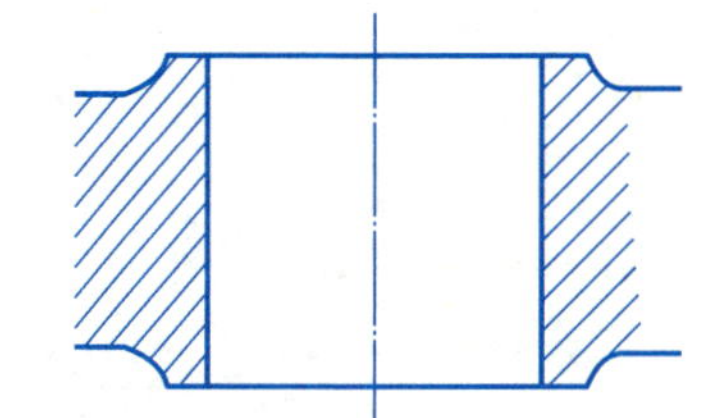

班级____________ 姓名____________ 学号____________ 日期____________

3. 某直齿圆柱齿轮，模数 $m=2$ mm，齿数 $z=60$，齿宽 $b=30$ mm，啮合角 $\alpha=20°$。试查出公差 F_p、f_f、f_{pt}、F_b、E_{ss}、E_{st}或极限偏差的值。

4. 已知直齿锥齿轮 $m=4$ mm，$z=25$，锥角 $\delta=45°$，试计算齿轮的各基本尺寸，并以 1∶1 的比例完成两视图。

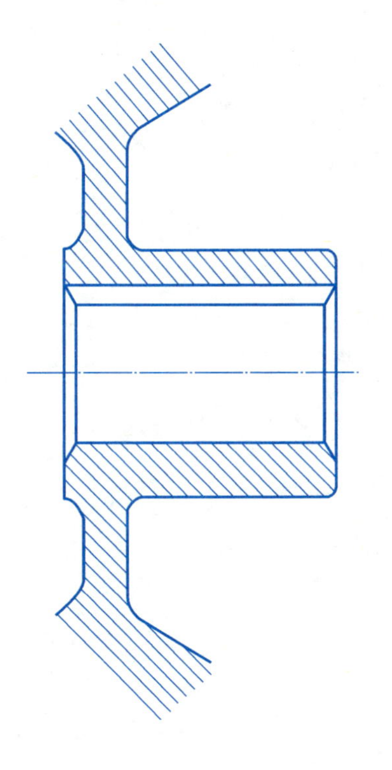

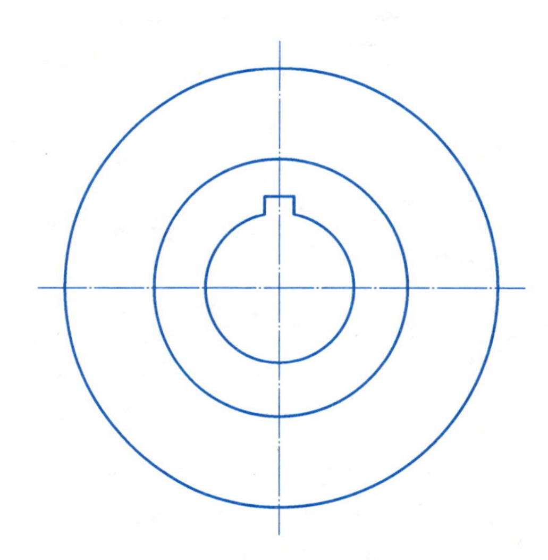

任务 7.4 键和销

1. 已知齿轮和轴，用 A 型普通平键连接，键长度为 40 mm，宽度为 12 mm。

(1) 写出键的规定标记；

(2) 查表确定键和键槽的尺寸，用 1∶2 的比例画全下列各图。

① 轴。

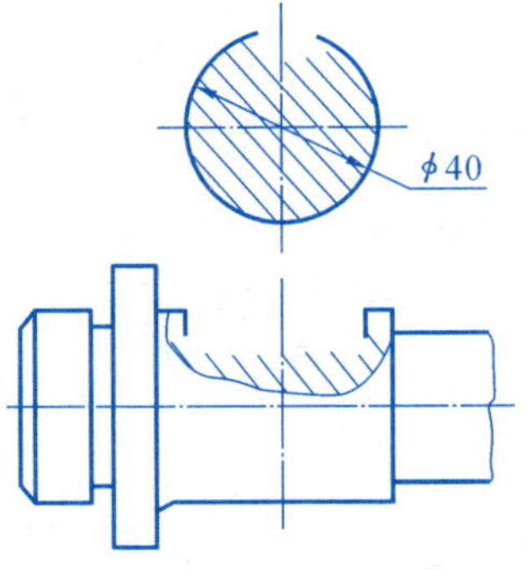

② 齿轮。

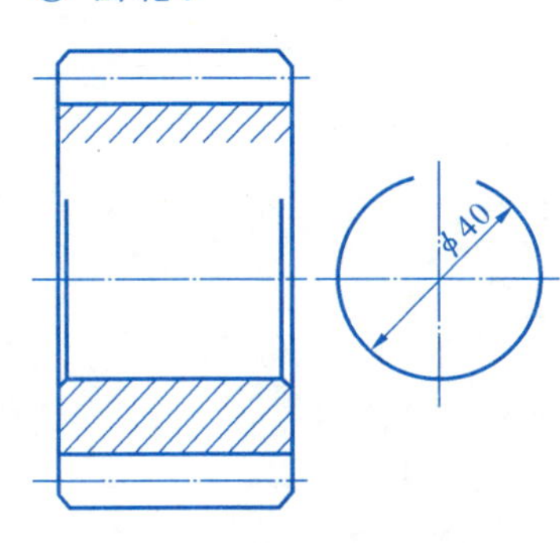

③ 齿轮和轴。

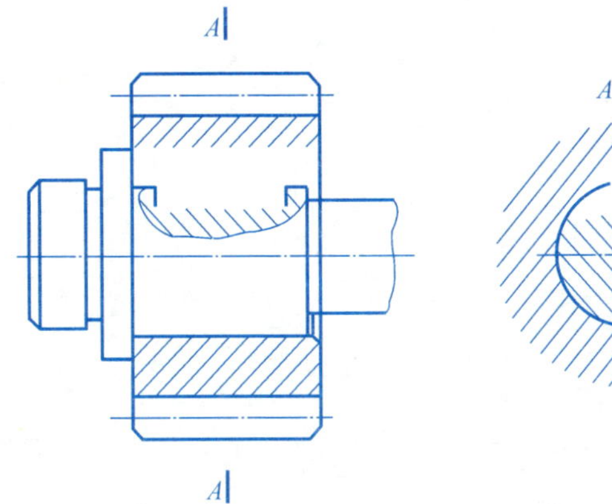

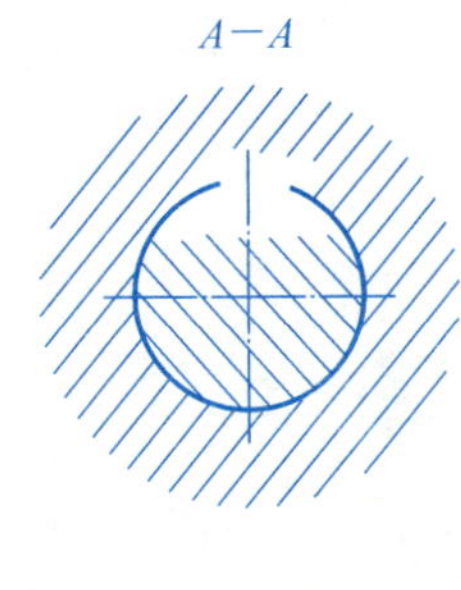

班级＿＿＿＿＿＿　姓名＿＿＿＿＿＿　学号＿＿＿＿＿＿　日期＿＿＿＿＿＿

2. 已知齿轮和轴，用 B 型圆柱销连接，销的长度为 40 mm。

(1) 写出销的规定标记；(2) 查表确定销的尺寸，用 1∶1 的比例画全下列各剖视图，并注出销孔尺寸。

① 齿轮。

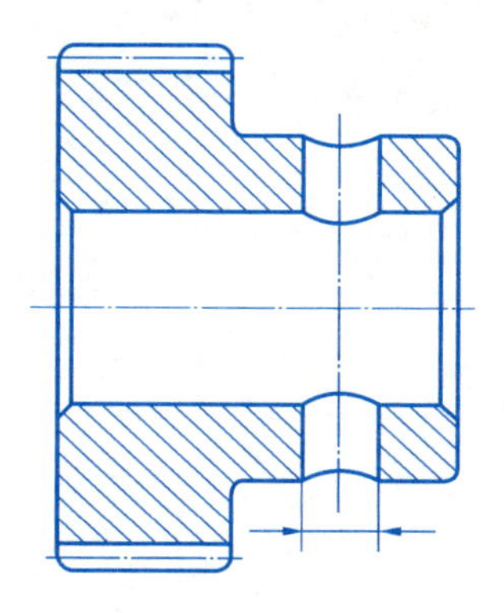

② 轴。

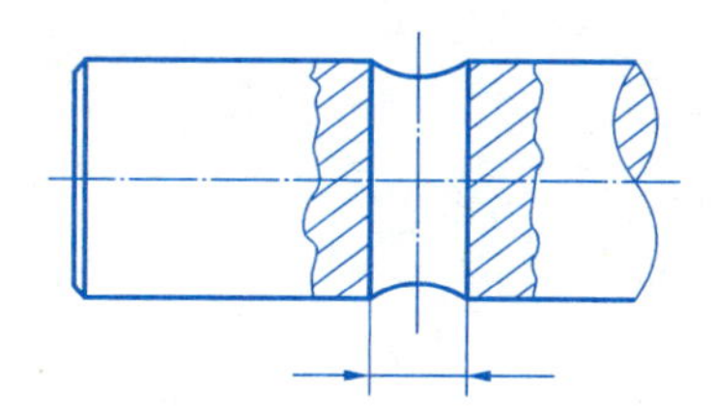

③ 齿轮和轴。

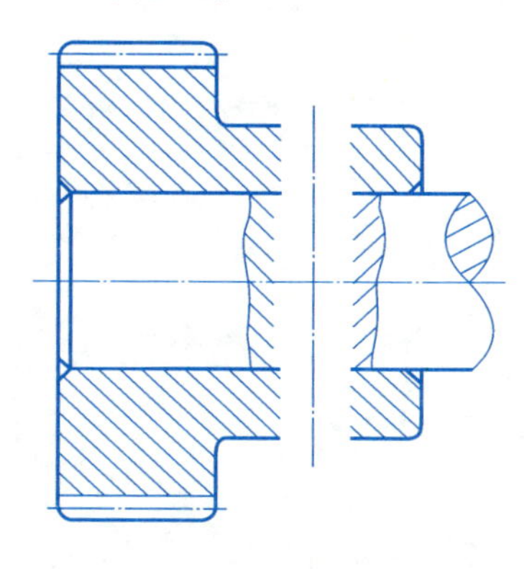

3. 依据下列已知条件 查表，画出键、销的视图，并标注尺寸。

（1）GB/T 1096 键 12×8×40。

（2）销 GB/T 119.1 6 m6×40。

班级__________ 姓名__________ 学号__________ 日期__________

任务 7.5 滚动轴承

查表确定滚动轴承的尺寸，用规定画法画出轴承与轴的装配图。

(1) 滚动轴承 6305 GB/T 276—2013。

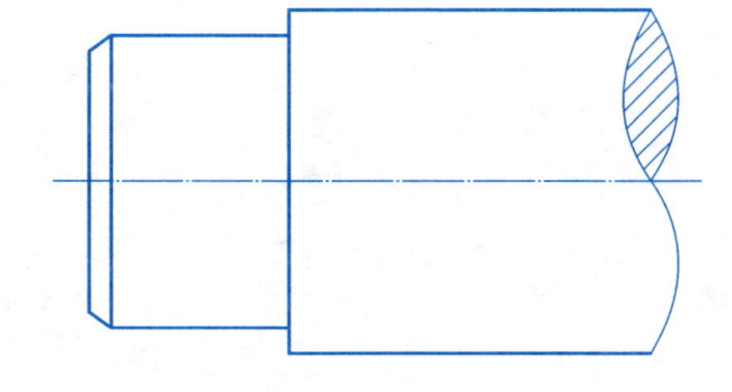

(2) 滚动轴承 30306 GB/T 297—2015。

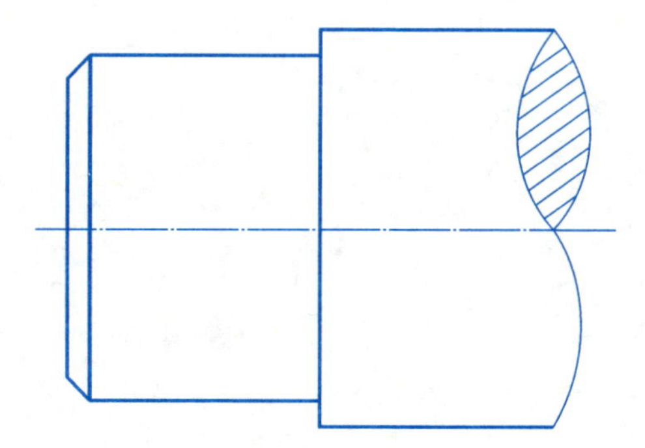

任务 7.6 弹簧

指出下图中哪一个是左旋弹簧，哪一个是右旋弹簧。

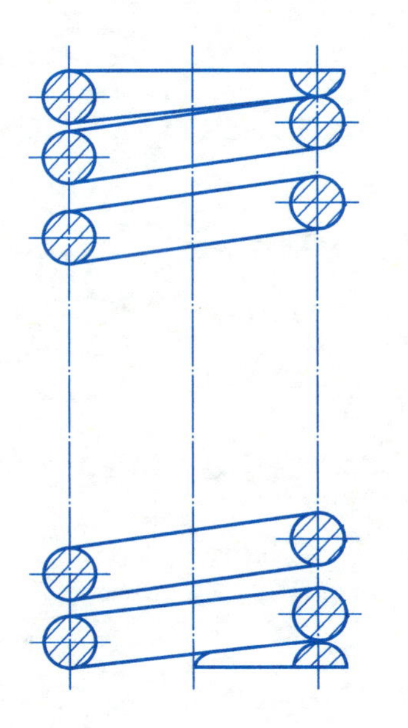

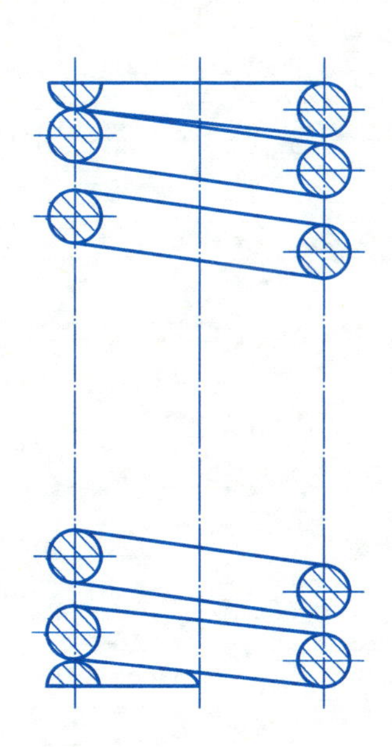

任务 8.1　零件图的内容

根据轴测图画零件图，要求合理地选择视图，标注必要的尺寸(按 1∶1 在图中量取)，按规定书写技术要求并绘制标题栏。

班级＿＿＿＿＿＿　姓名＿＿＿＿＿＿　学号＿＿＿＿＿＿　日期＿＿＿＿＿＿

任务 8.2　零件图的视图选择

根据轴测图画零件图，要求合理地选择视图，标注必要的尺寸（按 1∶1 在图中量取）。

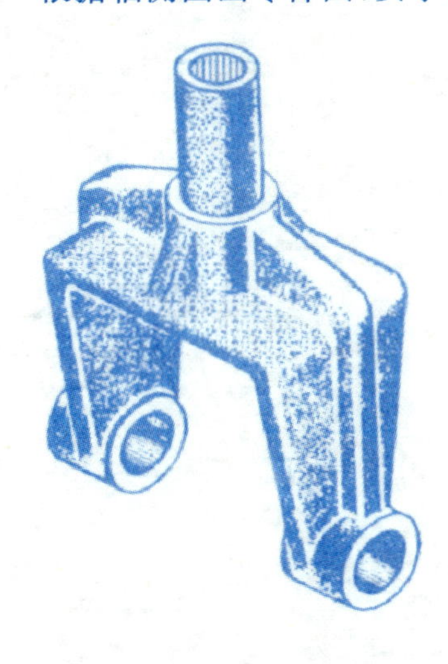

任务 8.3 零件图的尺寸标注

1. 指出零件长、宽、高三个方向的主要尺寸基准和辅助基准。

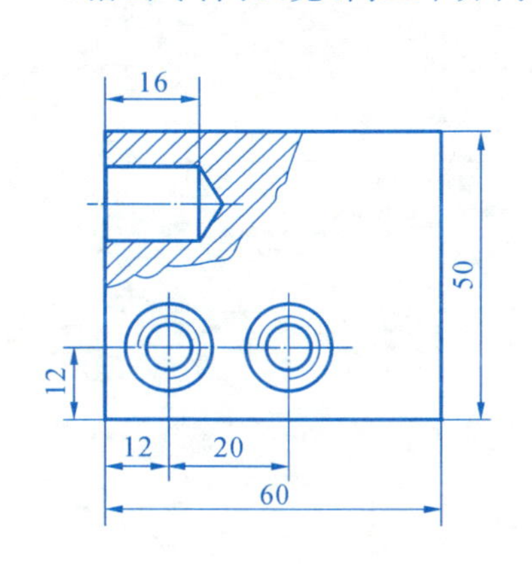

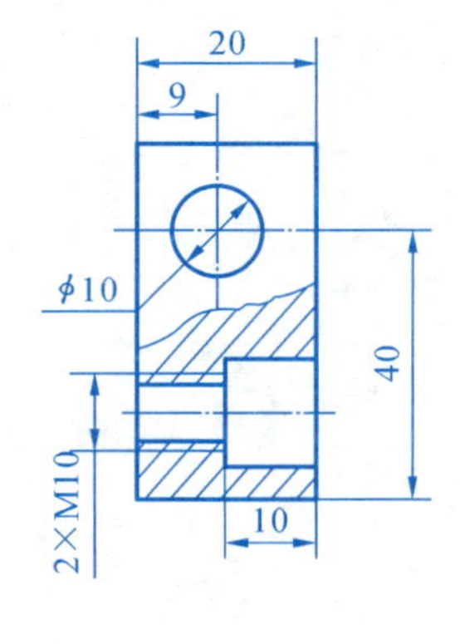

2. 分析两零件的接合尺寸 D,在两种方案中选择正确的方案。

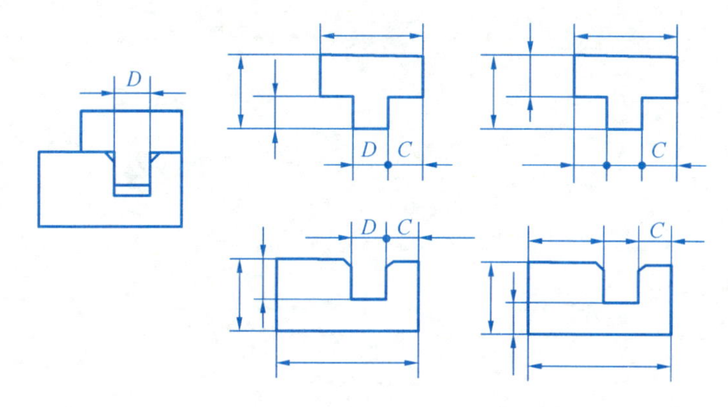

3. 分析下图中尺寸标注的错误。

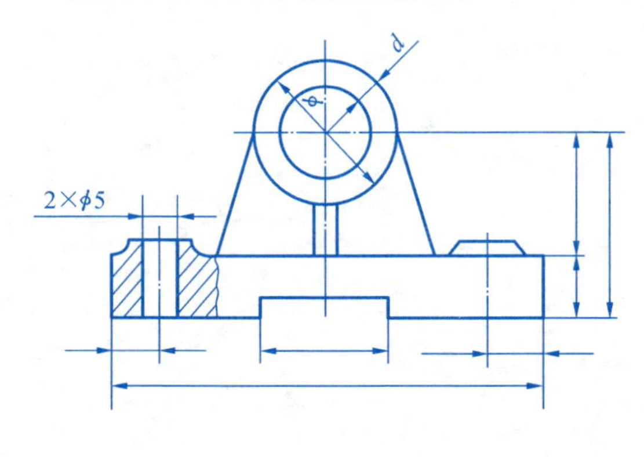

4. 分析下图中尺寸标注的错误,并作正确标注。

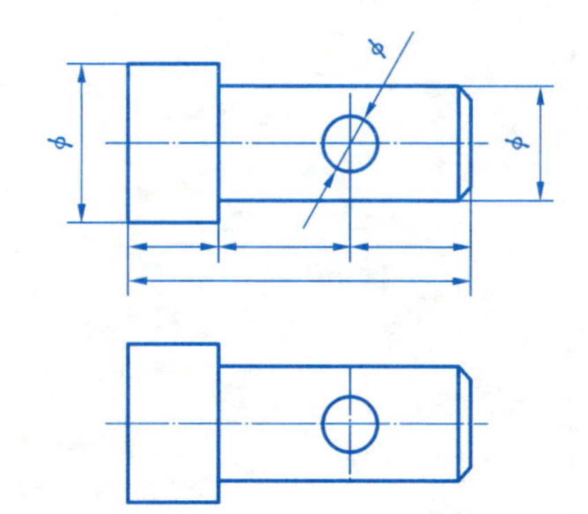

班级____________ 姓名____________ 学号____________ 日期____________

5. 确定轴承盖的尺寸基准，并标注出图中所缺的尺寸。

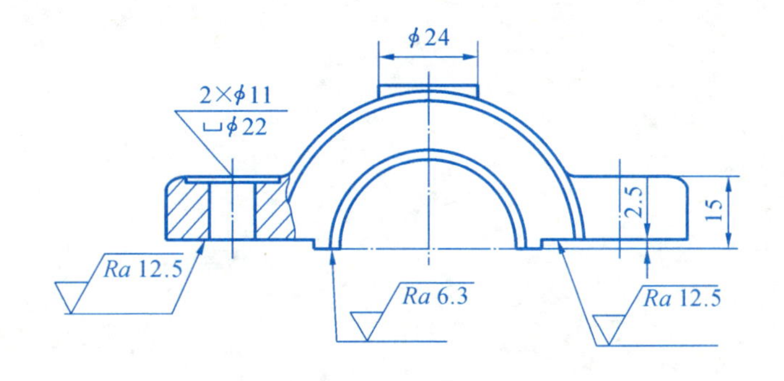

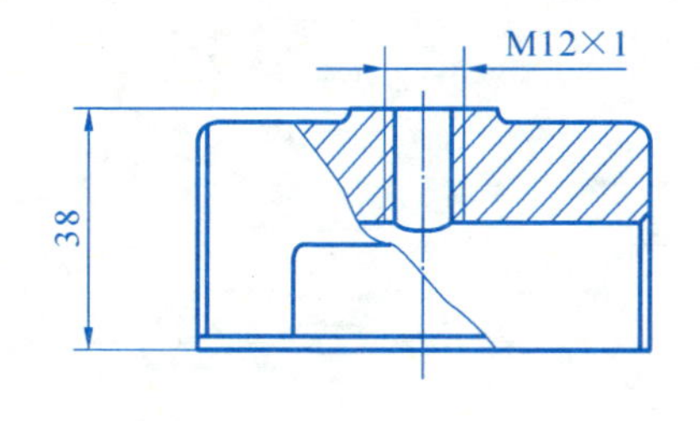

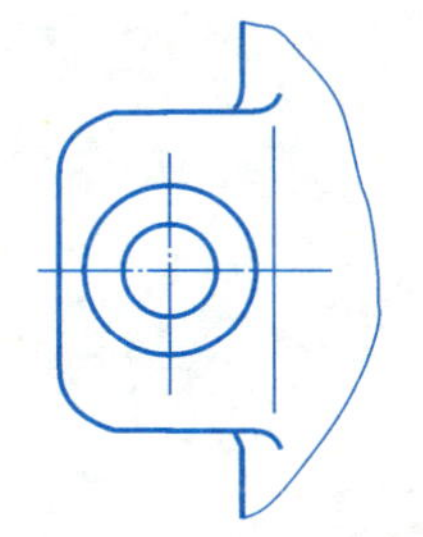

名称：轴承盖

比例：1∶2

材料：HT200

6. 标注零件尺寸，尺寸大小从图中按 1∶1 量取。

(1)

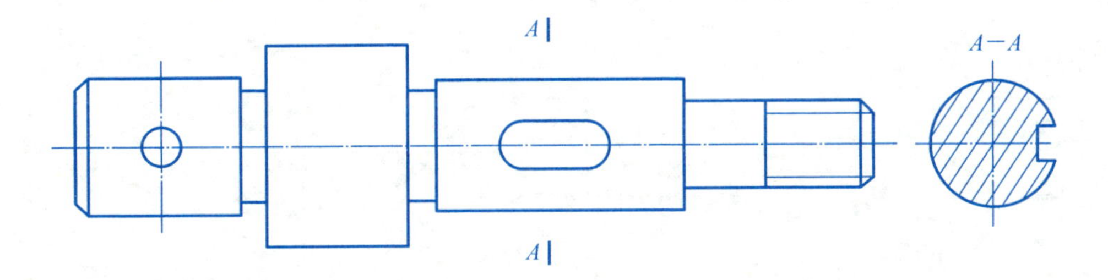

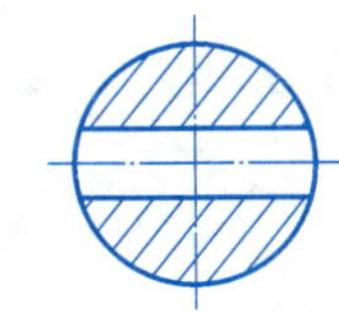

(2)

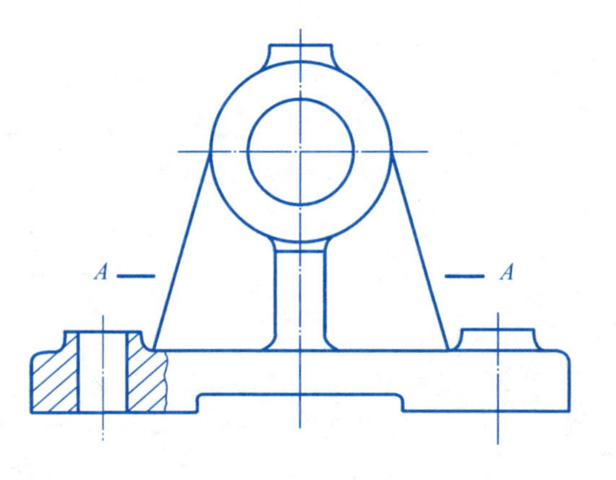

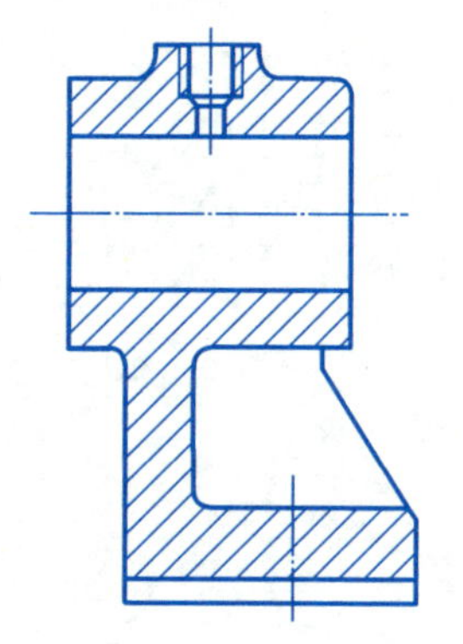

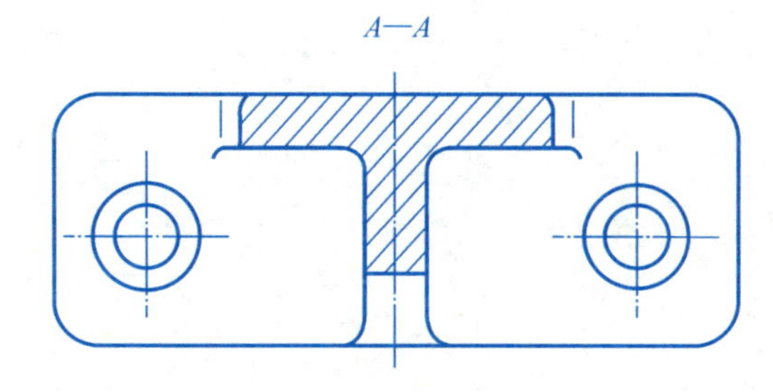

任务 8.4 零件图的技术要求

1. 根据给定的表面粗糙度 Ra 上限值,用代号标注在视图上。

表面	A、B	C	D	E、F、G	其余
$Ra/\mu m$	12.5	3.2	6.3	25	毛坯面

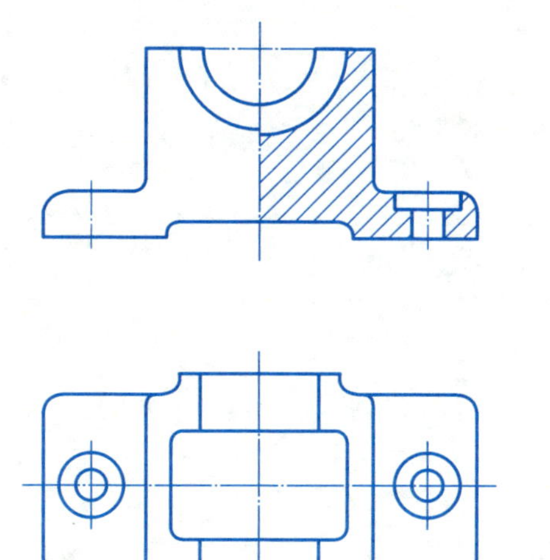

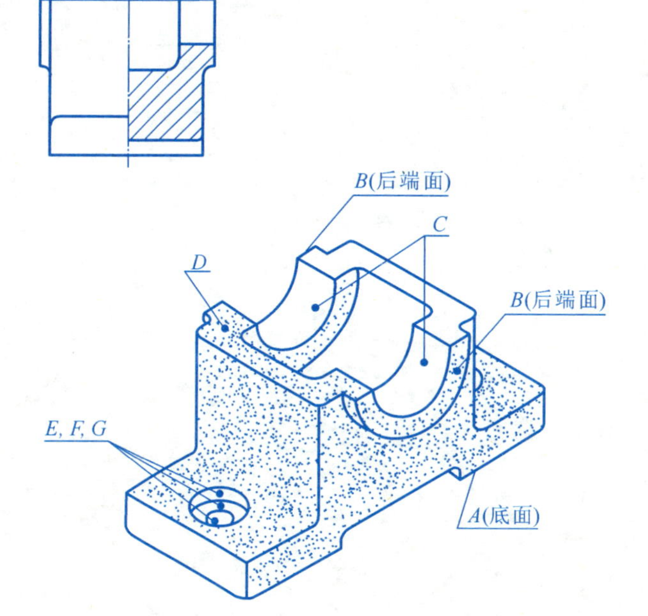

2. 将以下表面粗糙度标注在视图上：

(1) 所有圆柱面的 Ra 上限值为 1.6 μm；

(2) 倒角、圆锥面 Ra 上限值为 6.3 μm；

(3) 其余各平面 Ra 上限值为 3.2 μm。

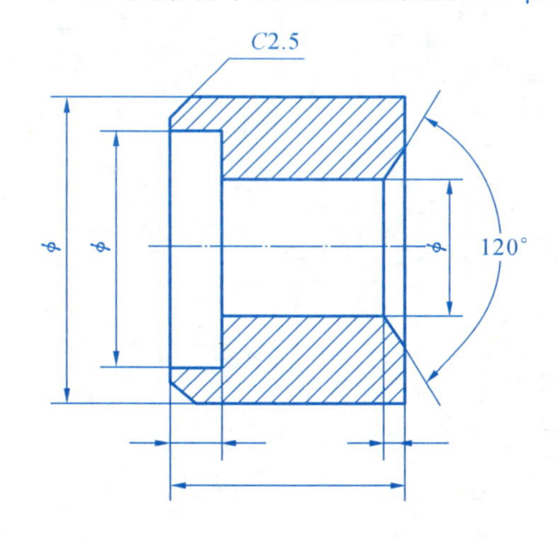

3. 将以下表面粗糙度标注在视图上：

(1) ϕ15 内孔表面 Ra 上限值为 6.3 μm；

(2) 四个 ϕ5.5 的沉孔 Ra 上限值为 12.5 μm；

(3) 间距为 16 的两端面与底面 Ra 上限值为 6.3 μm；

(4) 其余铸造表面不需要切削加工。

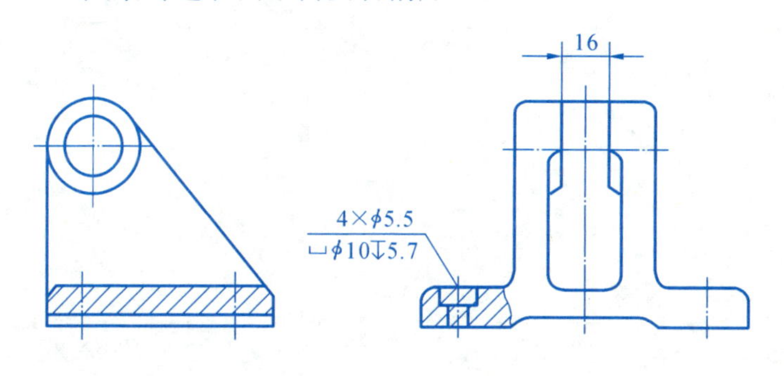

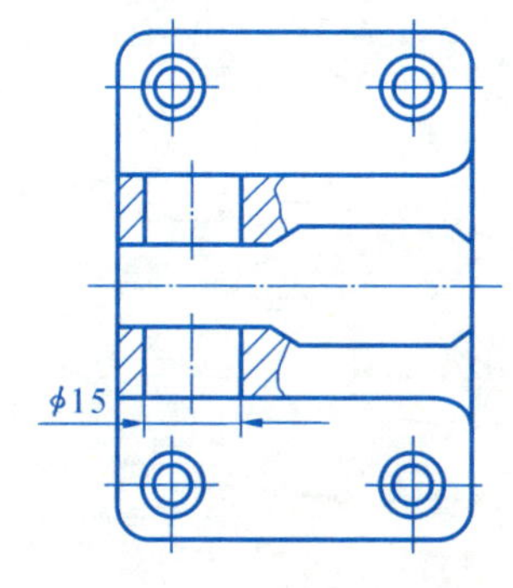

班级________ 姓名________ 学号________ 日期________

4.（1）轴套与泵体相配合时，基本尺寸为________，采用基________制；轴的公差等级为________，孔的公差等级为________；采用________配合。

（2）轴套与轴相配合时，基本尺寸为________，采用基________制；轴的公差等级为________，孔的公差等级为________；采用________配合。

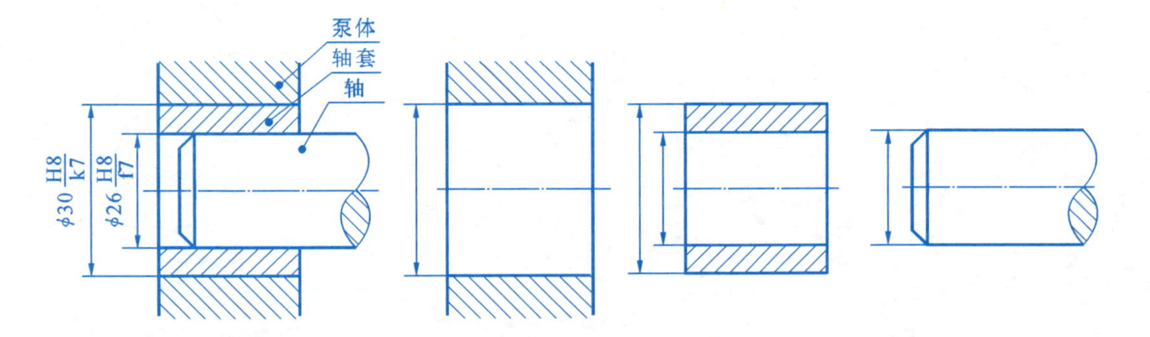

5.根据配合代号在零件图上用偏差值的形式分别标出轴和孔的尺寸公差。

（1）

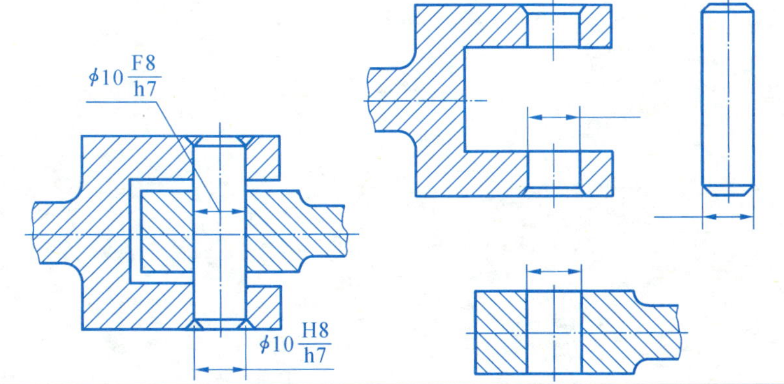

（2）

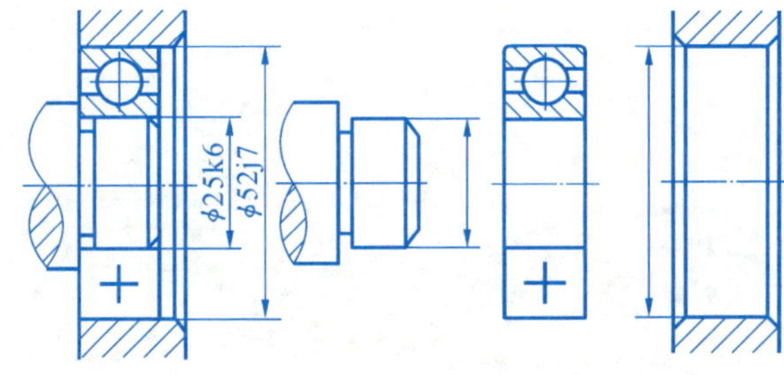

班级____________ 姓名____________ 学号____________ 日期____________

任务 8.5 形状公差和位置公差

根据给出条件在相应视图上标注形状公差和位置公差。

1. ϕ25 外圆柱素线的直线度公差为 0.012。

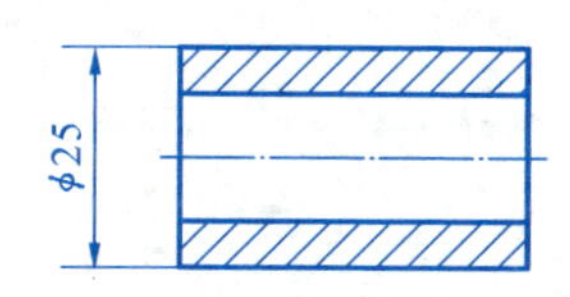

2. 顶面的平面度公差为 0.05。

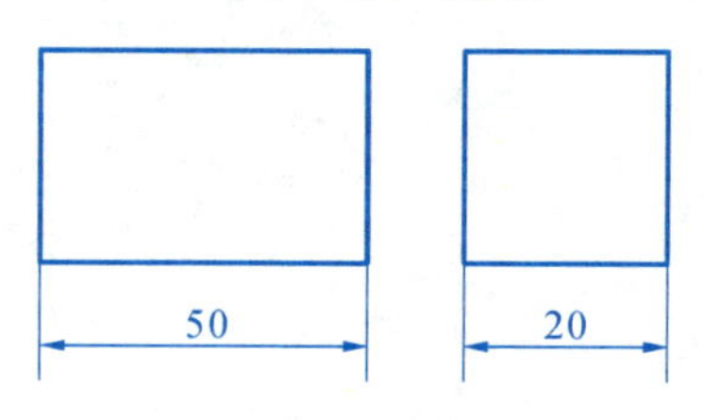

3. ϕ30 圆柱表面的圆度公差为 0.01。

4. ϕ30 圆柱左端面对 ϕ15 圆柱轴线的垂直度公差为 0.025。

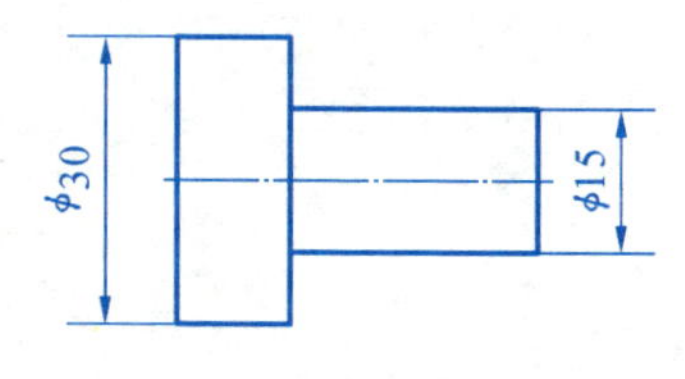

5. ϕ20 圆柱表面对两端 ϕ10 圆柱公共轴线径向圆跳动的公差为 0.05。

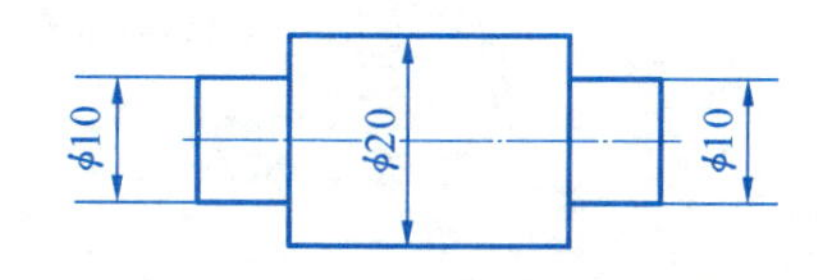

6. ϕ10 孔轴线对底面的平行度公差为 0.04。

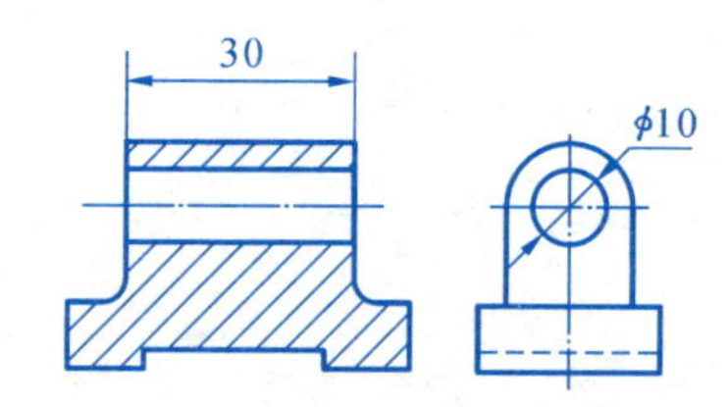

任务 8.6 读零件图

1. 补画左视图(六个螺孔位置自定);标出轴向和径向的主要尺寸基准。

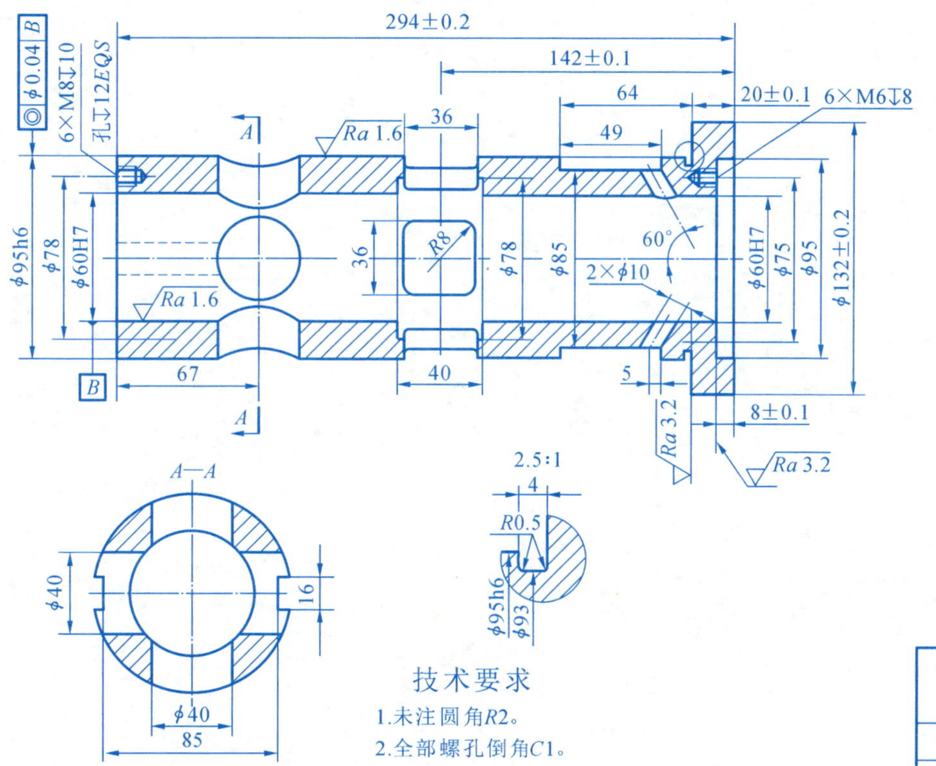

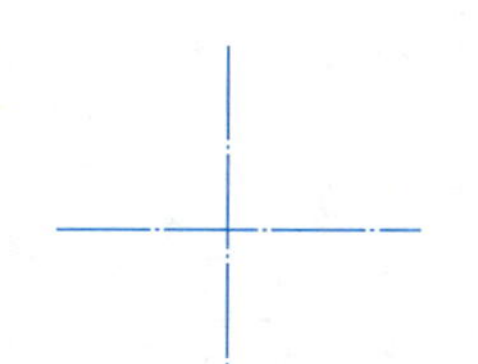

技术要求

1.未注圆角R2。

2.全部螺孔倒角C1。

Ra 12.5 (√)

套筒		比例	数量	材料
				45
制图				
描图				
审核				

班级________ 姓名________ 学号________ 日期________

2. 以下视图中，零件图采用的画法为________。指出零件长、宽、高三个方向的尺寸基准。圈出 *Ra* 值为 1.6 μm 的部位。作出 *C—C* 移出断面图。

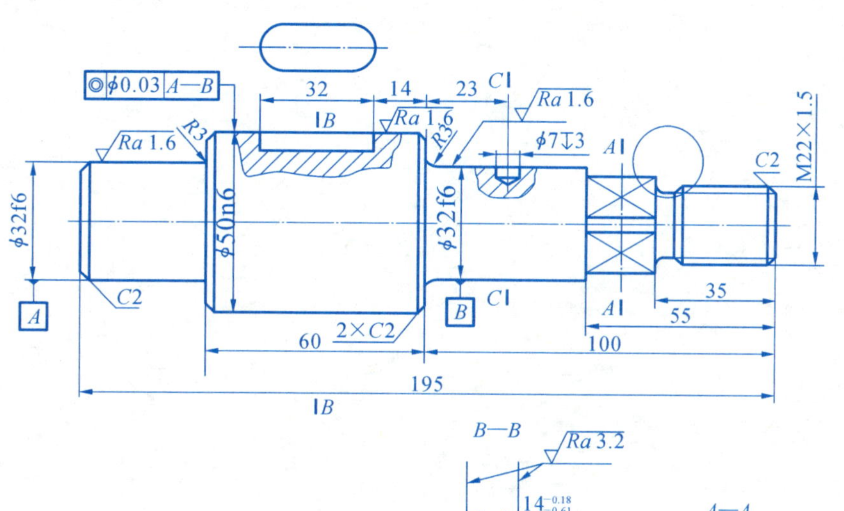

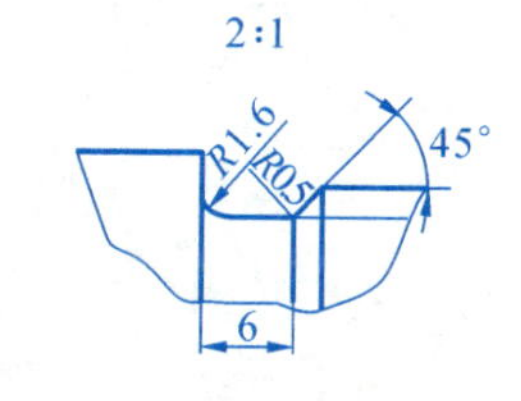

技术要求

1.热处理：调质220~230 HBW。
2.未注圆角R1.6。
3.未注尺寸公差按GB/T 1804—m。

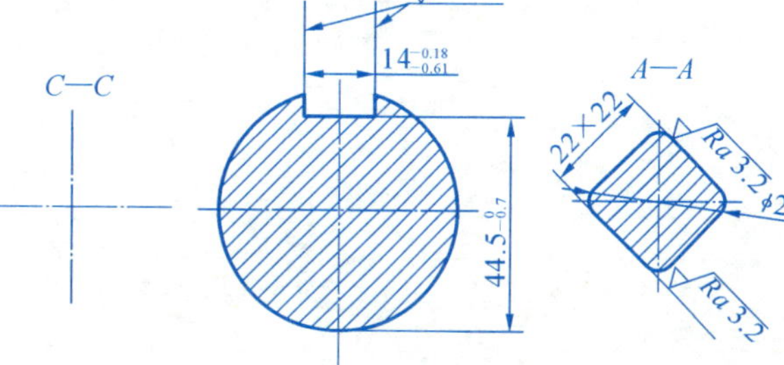

$\sqrt{Ra\ 6.3}$ (√)

输出轴	材料	45	比例	
			图号	
设计			（校　名）	
制图				

班级________ 姓名________ 学号________ 日期________

3. 读零件图，该零件属于________类零件，采用的比例为________，材料为________；图中键槽长度为________，宽度为________，深度为________，键槽的定位尺寸为________。

技术要求

未注倒角为C2。

主轴	比例	数量	材料	图号
	1∶2		45	
制图				
审核				

班级____________ 姓名____________ 学号____________ 日期____________

4. 读托架零件图，指出长、宽、高三个方向的主要尺寸基准并补画左视图。

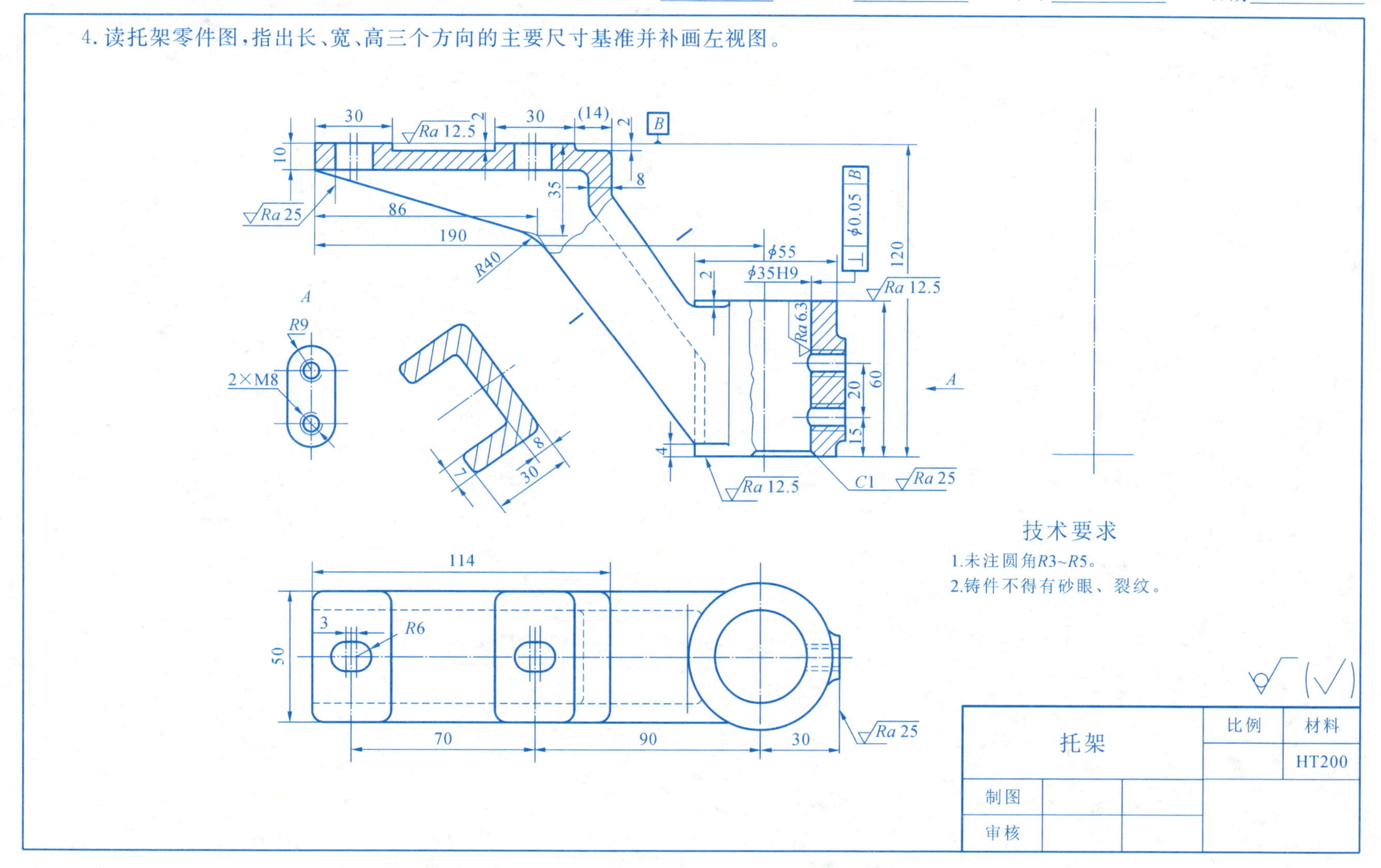

托架	比例	材料
		HT200
制图		
审核		

项目9　装配图

班级＿＿＿＿＿＿　姓名＿＿＿＿＿＿　学号＿＿＿＿＿＿　日期＿＿＿＿＿＿

任务9.1　根据千斤顶的装配示意图和零件图拼画装配图

1.作业目的。

(1) 熟悉和掌握装配图的内容和图样画法。

(2) 了解绘制装配图的方法。

2.内容与要求。

(1) 按教师指定的题目,根据零件图绘制1～2张装配图。

(2) 图幅和比例由教师指定。

3.注意事项(画图步骤)。

(1) 初步了解:根据名称和装配示意图,对装配体的功能进行初步分析,并将其与相应的零件序号对照,区分一般零件与标准件并确定其数量,分析装配图的复杂程度及大小。

(2) 详读零件图:根据示意图详读零件图,进而分析装配顺序、零件之间的装配关系及连接方法,搞清传动路线和工作原理。

(3) 确定表达方案:选择主视图和其他各个视图。

(4) 合理布图:先画出各个视图的图形定位线。

(5) 注意相邻零件剖面线的画法。标注尺寸,填写技术要求,编写零件序号。

(a) 千斤顶示意图。

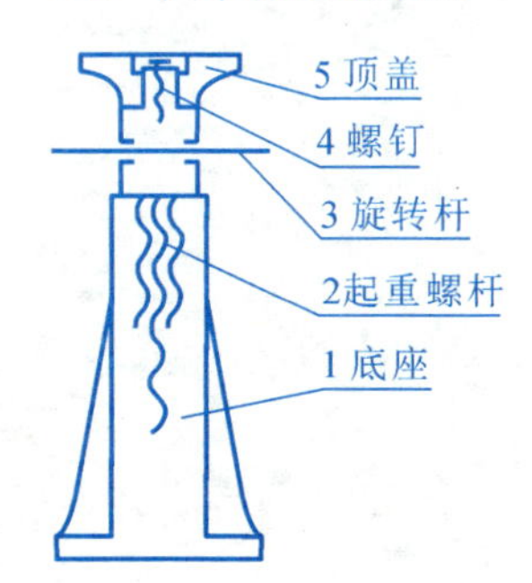

(b) 千斤顶原理图。

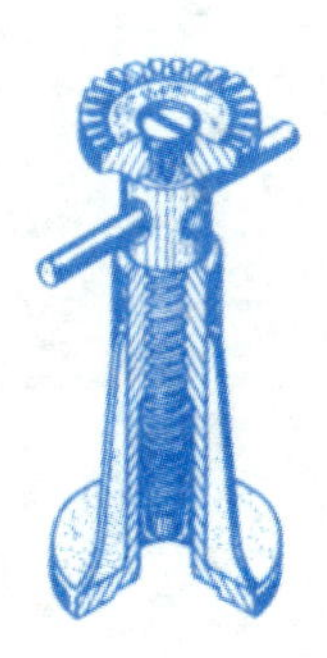

班级__________ 姓名__________ 学号__________ 日期__________

(c) 零件图。

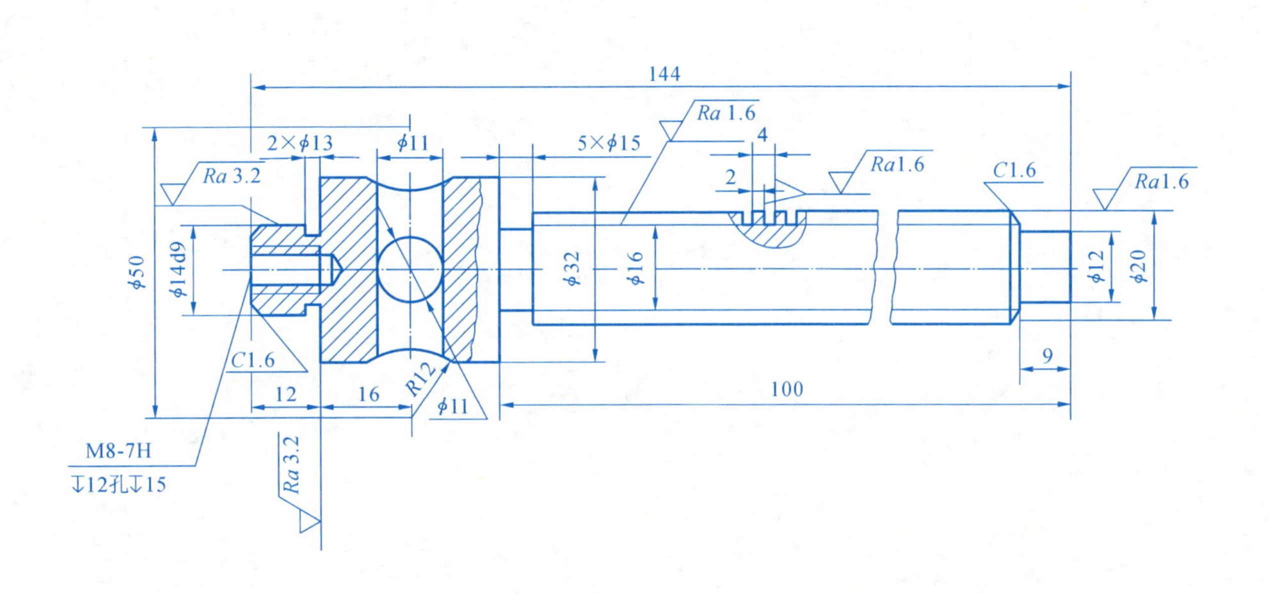

$\sqrt{Ra\ 6.3}$ (√)

起重螺杆			比例	材料	图号
				45	02
制图					
审核					

班级____________ 姓名____________ 学号____________ 日期____________

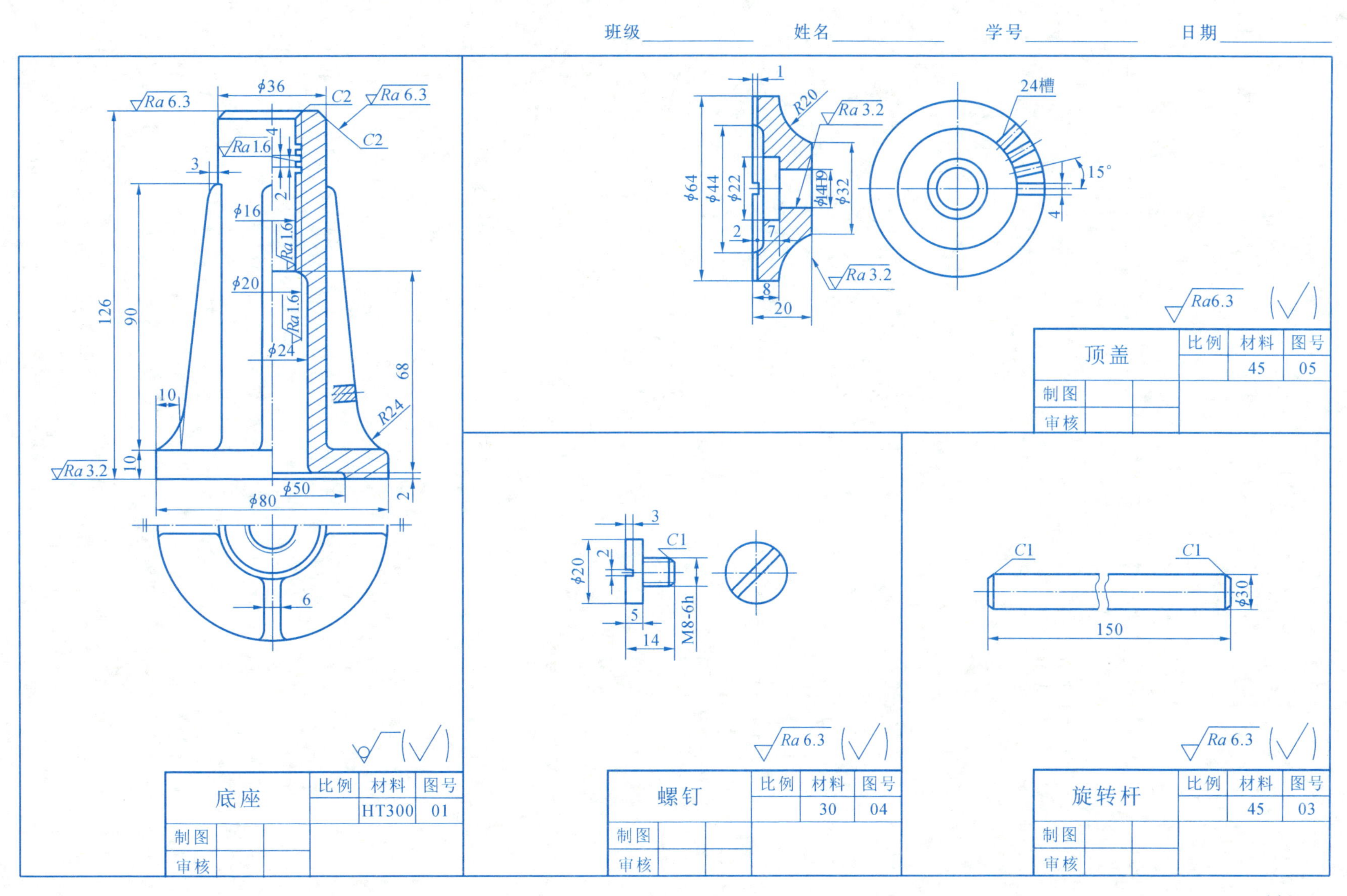

φ36
C2
Ra 6.3
Ra 1.6
Ra 3.2
φ16
φ20
φ24
φ50
φ80
R24
126
90
68
10
3
4
2
6
底座
比例
材料
图号
HT300
01
制图
审核
24槽
R20
15°
φ64
φ44
φ22
φ14H9
φ32
1
7
8
20
Ra6.3
顶盖
45
05
C1
φ20
M8-6h
5
14
螺钉
30
04
φ30
150
旋转杆
03

班级＿＿＿＿＿＿ 姓名＿＿＿＿＿＿ 学号＿＿＿＿＿＿ 日期＿＿＿＿＿＿

任务 9.2 根据台虎钳的装配示意图和零件图拼画装配图

台虎钳是用来夹紧工件以便进行加工的夹具。当顺时针方向转动手柄时，螺杆通过螺纹沿其轴线向右移动，从而推动活动钳身右移夹紧工件；当逆时针方向转动手柄 1 时，螺杆带动活动钳身左移，从而放松工件。

（1）示意图。

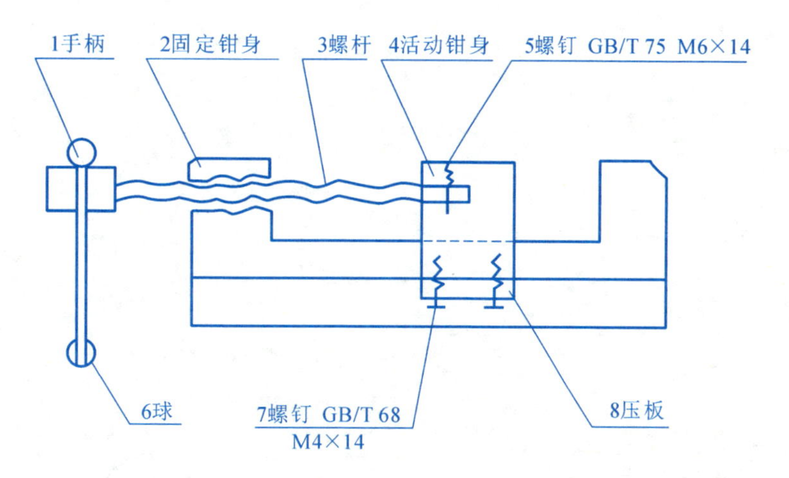

班级＿＿＿＿＿ 姓名＿＿＿＿＿ 学号＿＿＿＿＿ 日期＿＿＿＿＿

（2）零件 1。

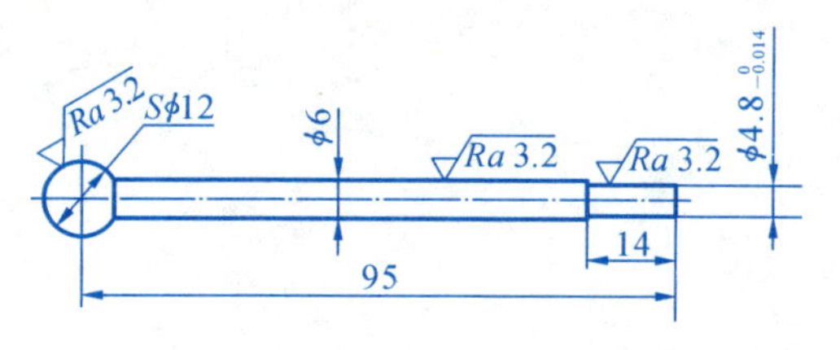

技术要求

件1与件6装配后将件1头部打铆凿圆。

$\sqrt{Ra\ 12.5}$ ($\sqrt{}$)

手柄			比例	材料
				45
制图				
审核				

（3）零件 2。

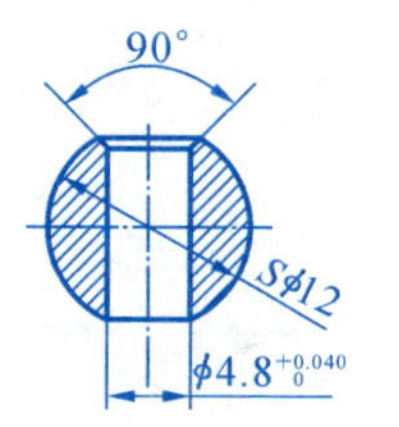

$\sqrt{Ra\ 3.2}$ ($\sqrt{}$)

球			比例	材料
				45
制图				
审核				

(4) 零件 3。

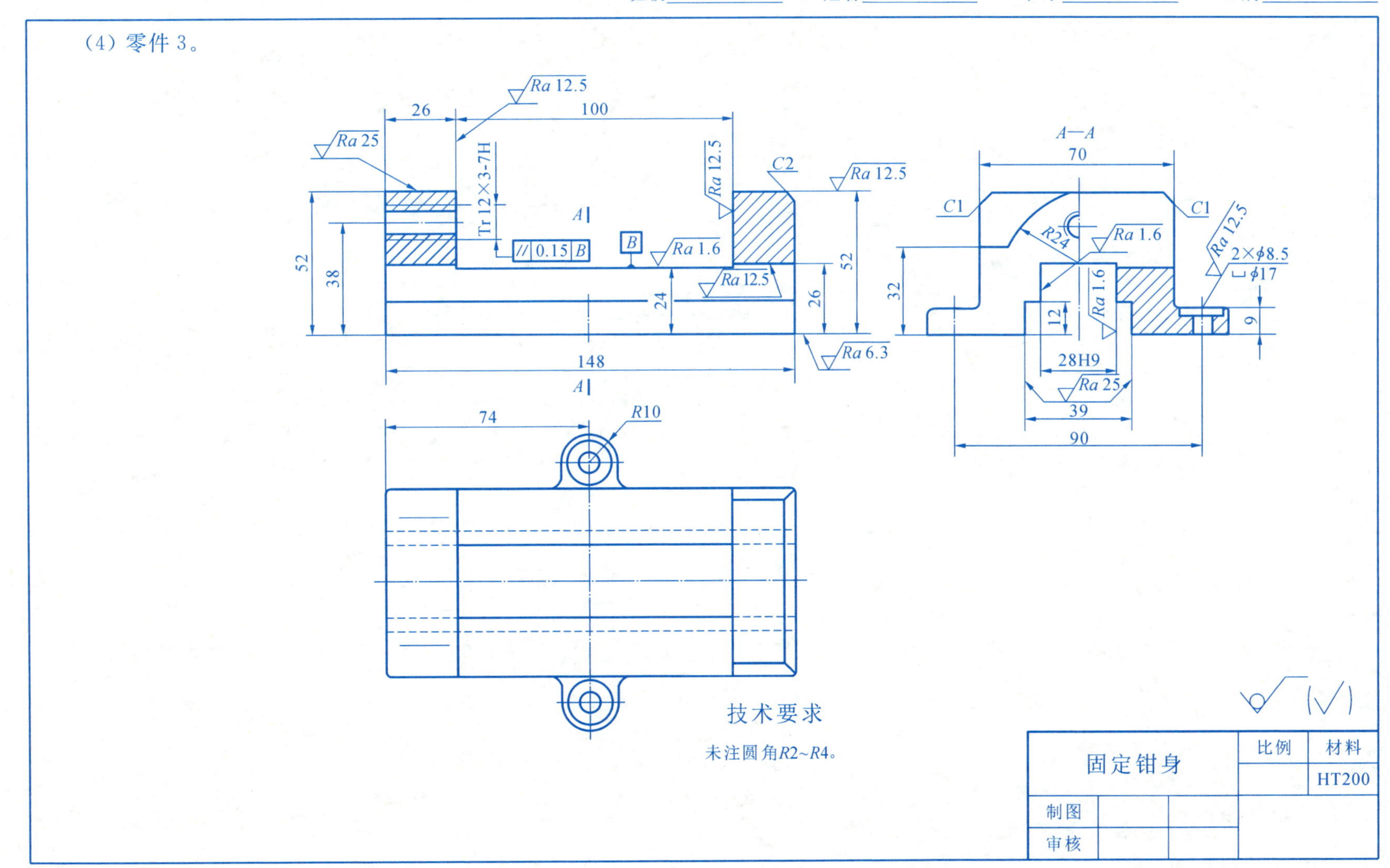

固定钳身		比例	材料
			HT200
制图			
审核			

班级__________ 姓名__________ 学号__________ 日期__________

(5) 零件 4。

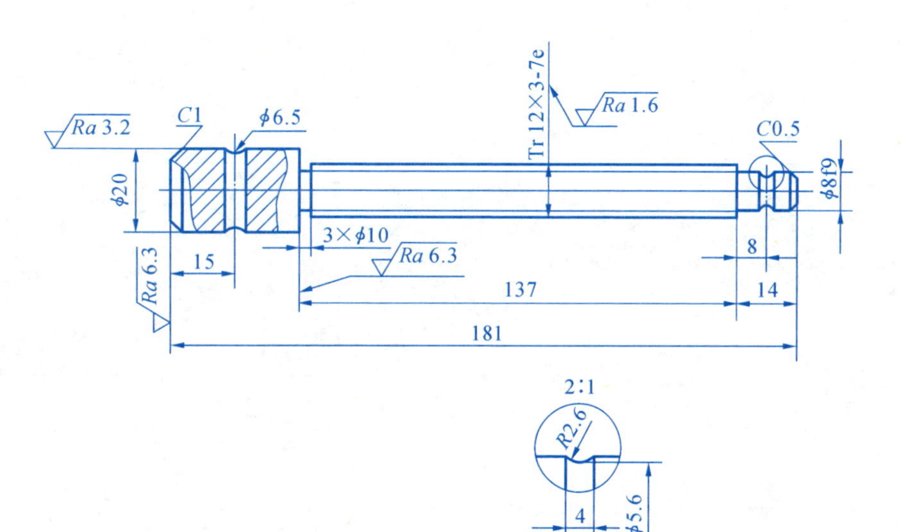

Ra 12.5 (√)

螺杆			比例	材料
				45
制图				
审核				

班级__________ 姓名__________ 学号__________ 日期__________

(6) 零件5。

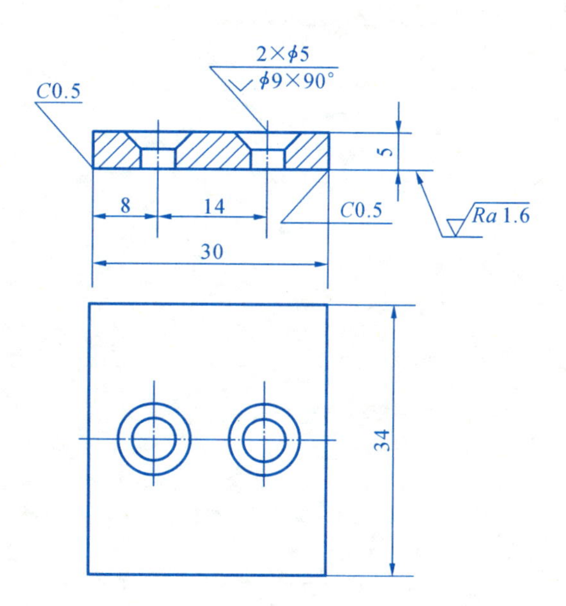

Ra 6.3 (√)

压板		比例	材料
			Q235-A
制图			
审核			

(7) 零件6。

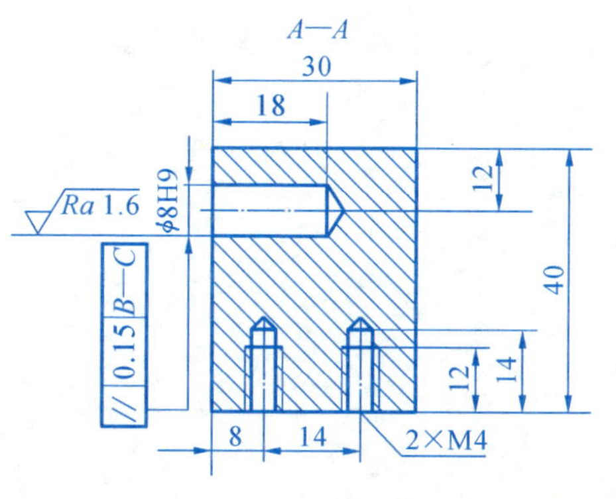

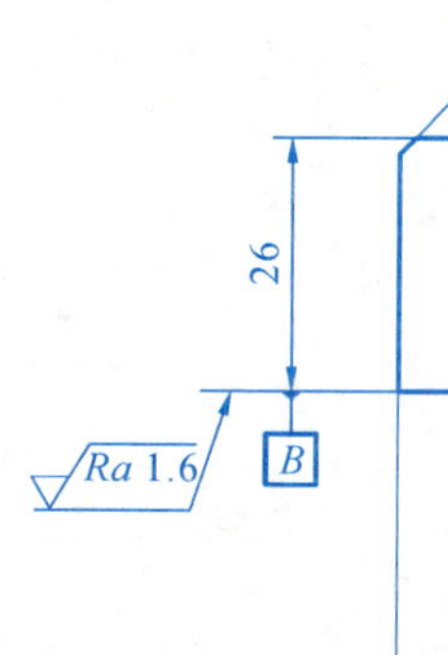

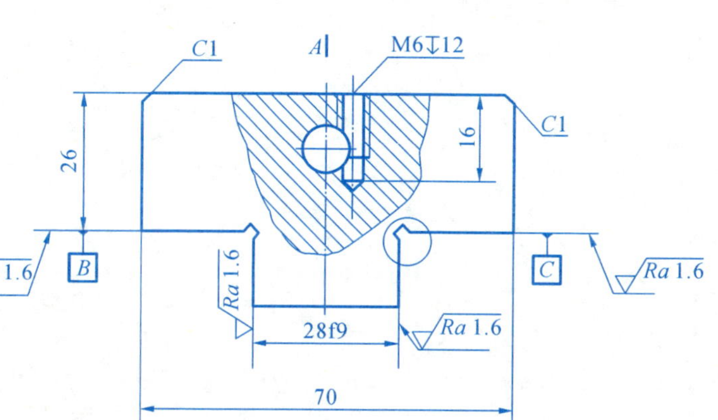

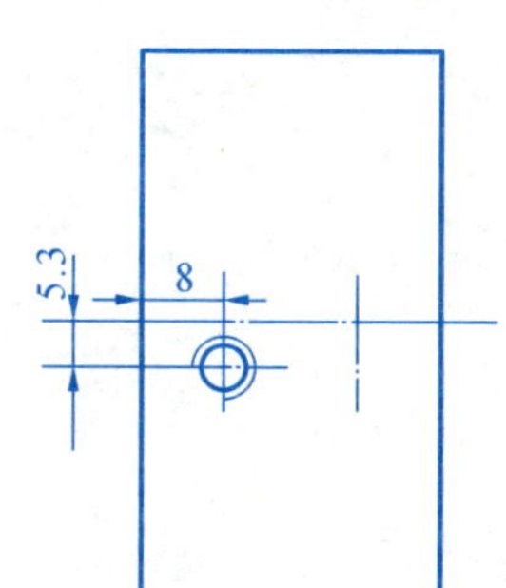

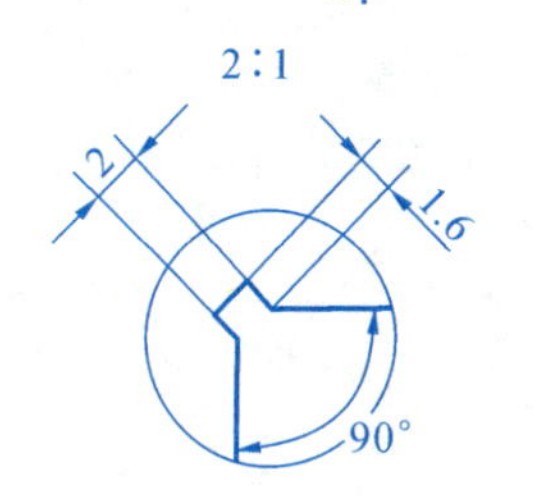

$\sqrt{Ra\ 12.5}$ ($\sqrt{}$)

活动钳身			比例	材料
				HT200
制图				
审核				

班级________　姓名________　学号________　日期________

任务 9.3　读钻模的装配图

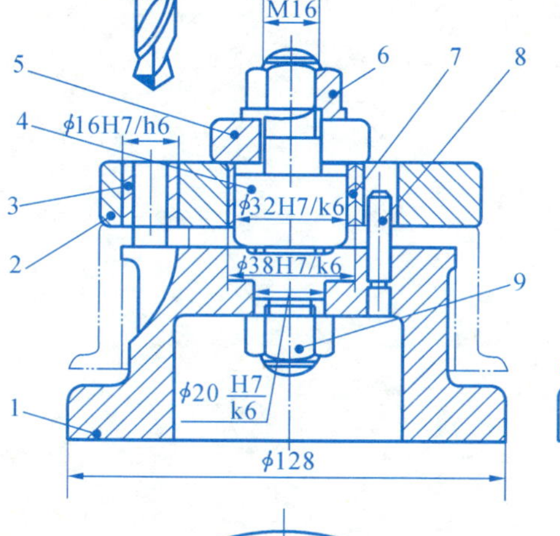

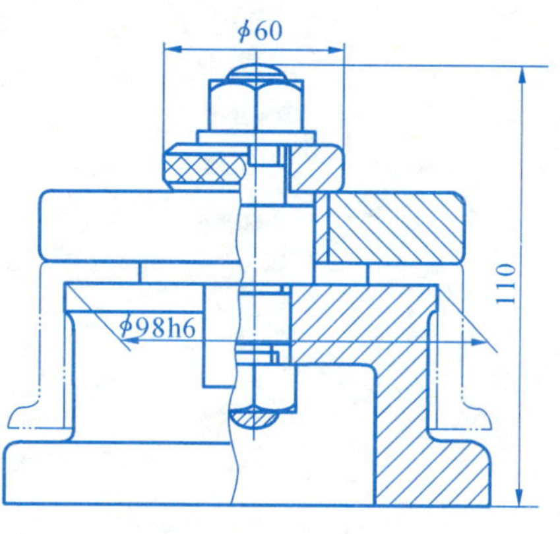

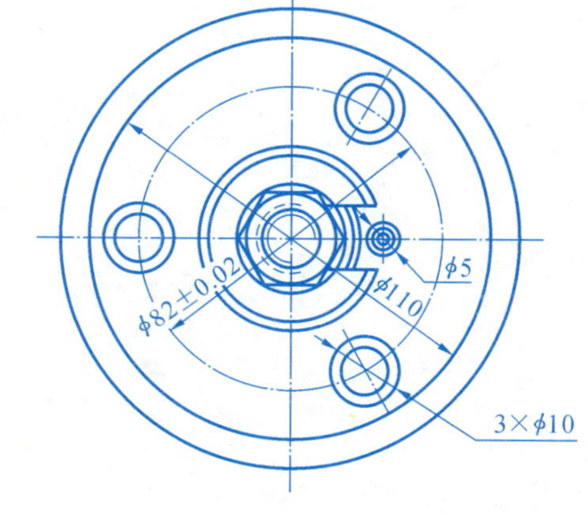

9	螺母M16	1	8级	GB/T 6170—2015
8	圆柱销10m6×30	1	35	GB/T 119.1—2000
7	衬套	1	45	
6	特制螺母	1	35	
5	开口垫圈	1	45	
4	轴	1	45	
3	钻套	3	T8	
2	钻模板	1	45	
1	底座	1	HT150	
序号	名称	数量	材料	备注

钻模		比例		共10张	7-01
		质量		第1张	
制图					
设计					
审核					

班级________ 姓名________ 学号________ 日期________

(1) 该钻模由________种共________个零件组成。

(2) 主视图采用了________剖,剖切平面与俯视图中的________重合,故省略了标注;左视图采用了________剖。

(3) 零件 1 底座的侧面有________个弧形槽,与被钻孔工件定位的尺寸为________。

(4) 钻模板 2 上有________个 $\phi16H7/h6$ 孔,件 3 的主要作用是________。图中细双点画线表示________,是________画法。

(5) $\phi32H7/k6$ 是件________和件________的配合尺寸,属于________制配合,H7 表示________的公差带代号,k 表示件________的________代号,7 和 6 代表________。

(6) 三个孔钻完后,先松开________,再取出________,工件便可以拆下。

(7) 与件 1 相邻的零件有________(只写出件号)。

(8) 钻模的外形尺寸:长________、宽________、高________。

(9) 拆画件 4 的零件图。